21世纪全国高职高专土建立体化系列规划教材

建筑材料与检测试验指导

主　编　王　辉
副主编　罗小虎　魏尚卿
参　编　李娇娜　谭　俊

内容简介

本书是以全国土建类专业教学指导委员会提供的教学大纲为依据，根据国家现行的土木工程材料标准、规范和相关资料编写而成的。

本书主要介绍土木工程常用材料性能检测的基本要求、取样、基本技能，以及材料的检测标准、检测方法、检测步骤、检测结果计算与评定、检测过程中所需要的仪器设备的调整和操作等内容。全书包括建筑材料性能检测的基础知识、建筑材料基本性质检测、气硬性胶凝材料的检测、水泥的检测、水泥混凝土材料性能检测、建筑砂浆的检测、墙体材料的检测、建筑钢材性能检测、防水材料的检测等内容。在介绍完每种建筑材料性能检测后附带实训报告，为读者更好地掌握检测报告的填写方法和进行实际操作提供方便。

本书既可作为高职高专院校建筑工程类相关专业的指导书，也可为广大建筑材料学习与工作人员提供常用材料检测与实训报告填写范本。

图书在版编目(CIP)数据

建筑材料与检测试验指导/王辉主编. —北京：北京大学出版社，2012.1
(21世纪全国高职高专土建立体化系列规划教材)
ISBN 978-7-301-20045-2

Ⅰ. ①建… Ⅱ. ①王… Ⅲ. ①建筑材料—检测—高等职业教育—教材 Ⅳ. ①TU502

中国版本图书馆CIP数据核字(2012)第001506号

书　　　名：	建筑材料与检测试验指导
著作责任者：	王　辉　主编
策划编辑：	赖　青　王红樱
责任编辑：	姜晓楠
标准书号：	ISBN 978-7-301-20045-2/TU·0215
出　版　者：	北京大学出版社
地　　　址：	北京市海淀区成府路205号　100871
网　　　址：	http://www.pup.cn　http://www.pup6.cn
电　　　话：	邮购部 62752015　发行部 62750672　编辑部 62750667　出版部 62754962
电子邮箱：	pup_6@163.com
印　刷　者：	北京鑫海金澳胶印有限公司
发　行　者：	北京大学出版社
经　销　者：	新华书店
	787毫米×1092毫米　16开本　9.75印张　216千字
	2012年1月第1版　2013年9月第3次印刷
定　　　价：	20.00元

未经许可，不得以任何方式复制或抄袭本书之部分或全部内容。
版权所有，侵权必究　　举报电话：010-62752024
　　　　　　　　　　　电子邮箱：fd@pup.pku.edu.cn

北大版·高职高专土建系列规划教材
专家编审指导委员会

主　　　任：于世玮（山西建筑职业技术学院）

副 主 任：范文昭（山西建筑职业技术学院）

委　　　员：（按姓名拼音排序）

　　　　　　丁　胜（湖南城建职业技术学院）

　　　　　　郝　俊（内蒙古建筑职业技术学院）

　　　　　　胡六星（湖南城建职业技术学院）

　　　　　　李永光（内蒙古建筑职业技术学院）

　　　　　　马景善（浙江同济科技职业学院）

　　　　　　王秀花（内蒙古建筑职业技术学院）

　　　　　　王云江（浙江建设职业技术学院）

　　　　　　危道军（湖北城建职业技术学院）

　　　　　　吴承霞（河南建筑职业技术学院）

　　　　　　吴明军（四川建筑职业技术学院）

　　　　　　夏万爽（邢台职业技术学院）

　　　　　　徐锡权（日照职业技术学院）

　　　　　　战启芳（石家庄铁路职业技术学院）

　　　　　　杨甲奇（四川交通职业技术学院）

　　　　　　朱吉顶（河南工业职业技术学院）

特邀顾问：何　辉（浙江建设职业技术学院）

　　　　　　姚谨英（四川绵阳水电学校）

北大版·高职高专土建系列规划教材
专家编审指导委员会专业分委会

建筑工程技术专业分委会

主　任：吴承霞　　吴明军
副主任：郝　俊　　徐锡权　　马景善　　战启芳
委　员：（按姓名拼音排序）
　　　　白丽红　　陈东佐　　邓庆阳　　范优铭　　李　伟
　　　　刘晓平　　鲁有柱　　孟胜国　　石立安　　王美芬
　　　　王渊辉　　肖明和　　叶海青　　叶　腾　　叶　雯
　　　　于全发　　曾庆军　　张　敏　　张　勇　　赵华玮
　　　　郑仁贵　　钟汉华　　朱永祥

工程管理专业分委会

主　任：危道军
副主任：胡六星　　李永光　　杨甲奇
委　员：（按姓名拼音排序）
　　　　冯　钢　　冯松山　　姜新春　　赖先志　　李柏林
　　　　李洪军　　刘志麟　　林滨滨　　时　思　　斯　庆
　　　　宋　健　　孙　刚　　唐茂华　　韦盛泉　　吴孟红
　　　　辛艳红　　鄢维峰　　杨庆丰　　余景良　　赵建军
　　　　钟振宇　　周业梅

建筑设计专业分委会

主　任：丁　胜
副主任：夏万爽　　朱吉顶
委　员：（按姓名拼音排序）
　　　　戴碧锋　　宋劲军　　脱忠伟　　王　蕾
　　　　肖伦斌　　余　辉　　张　峰　　赵志文

市政工程专业分委会

主　任：王秀花
副主任：王云江
委　员：（按姓名拼音排序）
　　　　俞金贵　　胡红英　　来丽芳　　刘　江　　刘水林
　　　　刘　雨　　刘宗波　　杨仲元　　张晓战

前　　言

　　本书是以全国土建类专业教学指导委员会提供的教学大纲为依据，根据国家现行最新的土木工程材料标准、规范、相关资料编写而成的。本书主要包括土木工程常用材料性能检测的基本要求、取样、基本技能，以及材料的检测标准、检测方法、检测步骤，检测结果计算与评定，检测过程中所需要的仪器设备的调整、操作等内容。

　　本书注重锻炼和培养高职高专学生的实践能力。本书在专业知识方面，突出了实际应用内容，增加了最新的国家标准和规范，对建筑材料检测的基本要求和取样方法等方面进行了全面、系统的阐述；在实践技能方面，加强了实践操作的内容与要求，并在每种建筑材料性能检测之后都附带了实训报告，为读者提供了方便。本书图文并茂、文字简洁、语言流畅、通俗易懂，不仅是建筑工程技术、工程造价等专业的理想教材，也是工程管理类读者的指导书。

　　本书由四川交通职业技术学院王辉担任主编并统稿，重庆城市职业学院罗小虎、重庆科创职业学院魏尚卿担任副主编，四川交通职业技术学院李娇娜、重庆城市职业学院谭俊参编。其中：罗小虎编写第0章和第1章，谭俊编写第2章，魏尚卿编写第3章、第5章，王辉编写第4章、第6章、第7章，李娇娜编写第8章和第9章。

　　编者在本书的编写过程中参考了大量文献资料，在此谨向这些文献的作者表示衷心的感谢。由于编者水平有限，又因为时间仓促，所以书中难免存在不足和疏漏之处，敬请广大读者批评指正。

编　者

2011年9月

目 录

第0章 建筑材料性能检测的基础知识 …… 1
- 0.1 材料性能检测的意义 …… 2
- 0.2 检测原始记录 …… 2
- 0.3 检测数据的处理与分析 …… 2
  - 0.3.1 数值修约规则 …… 3
  - 0.3.2 平均值、标准差、变异系数与通用计量名词 …… 3
- 0.4 工程材料技术标准 …… 4
  - 0.4.1 技术标准的分类 …… 4
  - 0.4.2 技术标准的等级 …… 5
  - 0.4.3 常用技术标准的代号 …… 5
- 0.5 工程检测基本技术 …… 5
  - 0.5.1 测试技术 …… 5
  - 0.5.2 检测条件 …… 6
  - 0.5.3 检测报告 …… 6
- 0.6 见证取样和送检制度 …… 7
  - 0.6.1 见证取样的范围 …… 7
  - 0.6.2 见证取样的内容 …… 7
  - 0.6.3 见证取样和送检的程序 …… 8

第1章 建筑材料基本性质检测 …… 9
- 1.1 建筑材料基本性质检测任务介绍 …… 10
- 1.2 建筑材料基本性质检测学习目标 …… 10
- 1.3 建筑材料基本性质检测任务实施 …… 10
  - 1.3.1 建筑材料基本性质检测学习准备 …… 10
  - 1.3.2 建筑材料基本性质检测计划 …… 11
  - 1.3.3 建筑材料基本性质检测实施 …… 11

第2章 气硬性胶凝材料的检测 …… 13
- 2.1 气硬性胶凝材料的检测任务介绍 …… 14
- 2.2 气硬性胶凝材料的检测学习目标 …… 14
- 2.3 气硬性胶凝材料的检测任务实施 …… 14
  - 2.3.1 气硬性胶凝材料的检测学习准备 …… 14
  - 2.3.2 气硬性胶凝材料的检测计划 …… 14
  - 2.3.3 气硬性胶凝材料的检测实施 …… 15
- 2.4 建筑石膏检测标准 …… 16
  - 2.4.1 主题内容与适用范围 …… 16
  - 2.4.2 引用标准 …… 17
  - 2.4.3 产品标记 …… 17
  - 2.4.4 原料分类、等级与规格 …… 17
  - 2.4.5 技术要求 …… 17
  - 2.4.6 检测方法 …… 18
  - 2.4.7 包装、标志、运输和储存 …… 21

第3章 水泥的检测 …… 22
- 3.1 水泥的检测任务介绍 …… 23
- 3.2 水泥的检测学习目标 …… 23
- 3.3 水泥的检测任务实施 …… 23
  - 3.3.1 水泥的检测学习准备 …… 23
  - 3.3.2 水泥的检测计划 …… 24
  - 3.3.3 水泥的检测实施 …… 24

第4章 水泥混凝土材料性能检测 …… 38
- 4.1 水泥混凝土材料性能检测任务介绍 …… 39
- 4.2 水泥混凝土材料性能检测学习目标 …… 39
- 4.3 水泥混凝土材料性能检测任务实施 …… 39
  - 4.3.1 水泥混凝土用砂质量检测 …… 39
  - 4.3.2 水泥混凝土用石子质量检测 …… 50

4.3.3 混凝土拌合物性能检测 …… 57
4.3.4 水泥混凝土物理力学性能检测 …… 64

第5章 建筑砂浆的检测 …… 71

5.1 建筑砂浆的检测任务介绍 …… 72
5.2 建筑砂浆的检测学习目标 …… 72
5.3 建筑砂浆的检测任务实施 …… 72
    5.3.1 建筑砂浆的检测学习准备 …… 72
    5.3.2 建筑砂浆的检测计划 …… 73
    5.3.3 建筑砂浆的检测实施 …… 73

第6章 墙体材料的检测 …… 79

6.1 墙体材料的检测任务介绍 …… 80
6.2 墙体材料的检测学习目标 …… 80
6.3 墙体材料的检测任务实施 …… 80
    6.3.1 墙体材料的检测学习准备 …… 80
    6.3.2 墙体材料的检测计划 …… 81
    6.3.3 墙体材料的检测实施 …… 81

第7章 建筑钢材性能检测 …… 89

7.1 建筑钢材性能检测任务介绍 …… 90
7.2 建筑钢材性能检测学习目标 …… 90
7.3 建筑钢材性能检测任务实施 …… 90
    7.3.1 建筑钢材性能检测学习准备 …… 91
    7.3.2 建筑钢材性能检测计划 …… 91
    7.3.3 建筑钢材性能检测实施 …… 91

第8章 防水材料的检测 …… 98

8.1 防水材料的检测任务介绍 …… 99
8.2 防水材料的检测学习目标 …… 99
8.3 防水材料的检测任务实施 …… 99
    8.3.1 防水材料的检测学习准备 …… 99
    8.3.2 防水材料的检测计划 …… 100
    8.3.3 防水材料的检测实施 …… 100

第9章 检测报告 …… 115

9.1 建筑材料基本性质的检测报告 …… 117
9.2 气硬性胶凝材料的检测报告 …… 119
9.3 水泥的检测报告 …… 123
9.4 水泥混凝土材料性能检测 …… 125
9.5 建筑砂浆的检测报告 …… 129
9.6 墙体材料的检测报告 …… 131
9.7 建筑钢材性能的检测报告 …… 135
9.8 防水材料的检测报告 …… 137

参考文献 …… 143

第0章
建筑材料性能检测的基础知识

0.1 材料性能检测的意义

建筑材料检测在建筑施工生产、科研及发展中具有举足轻重的地位。工程材料基础知识的普及和建设工程施工质量检测技术的提高，不仅是评定和控制材料质量、施工质量的手段和依据，也是推动科技进步、合理使用工程材料和工业废料、降低生产成本，增进企业效益、环境效益和社会效益的有效途径。

工程材料质量的优劣直接影响建筑物的质量和安全。因此，工程材料性能试验与质量检测，是从源头抓好建设工程质量管理工作，确保建设工程质量和安全的重要保证。

为了加强建设工程质量，就要设立各级工程质量，尤其是工程材料质量的检测机构，培养从事工程材料性能和建设工程施工质量检验的专门人才，从事材料质量的检测与控制工作，为推进建筑业的发展、提高工程建设质量发挥积极作用，作出突出贡献。

随着建筑业的改革与发展，新材料、新技术层出不穷，尤其是我国加入 WTO 以后，技术标准逐渐与国际标准接轨。国家工程材料检测技术规程、标准、规范进入大范围修订和更新，新方法、新仪器的采用和检测标准的变更，更要求相关从业人员不断学习，更新知识。所以，要在学好理论课的基础上，重视试验理论，搞懂试验原理，学会试验方法，加强动手能力，出具公正、规范、科学的检测报告。

0.2 检测原始记录

在检测过程中，对于在一定条件下取得的原始观测数据的记录叫作原始记录。在今后的工程材料检测和施工质量检测中，原始记录一般包括以下内容。

（1）试样名称、编号、规格型号、外观描述与制备。
（2）检测环境、地点、日期时间。
（3）采用的检测方法（检测规程）以及检测设备的名称与编号。
（4）观测数值与观测导出数值。
（5）检测、记录、计算、校核人员和技术负责人的签字等。

检测的原始记录必须以科学认真的态度，实事求是地进行填写，不得修改和涂改。经过对检测数据的校核确需改错的，应依据国家认证认可监督管理委员会对检测室计量认证认可的有关规定进行，并且能够溯源。

检测的原始记录必须经得起工程实践的长期考验，它还是评价试验检测工作水平高低和维护检测人员合法权益的重要法律依据之一。

0.3 检测数据的处理与分析

在工程施工中，要对大量的原材料和半成品进行检测，在取得了原始的观测数据之后，为了达到所需要的科学结论，常需要对观测数据进行一系列的分析和处理，最基本的方法是数学处理方法。

0.3.1 数值修约规则

在材料试验中，各种试验数据应保留的有效位数在各自的试验标准中均有规定。为了科学地评价数据资料，首先应了解数据修约规则，以便确定测试数据的可靠性与精确性。数据修约时，除另有规定者外，应按照国家标准《数值修约规则与极限数值的表示和判定》(GB/T 8170—2008)给定的规则进行。

(1) 拟舍弃数字的最左一位数字小于5，则舍去，保留其余各位数字不变。

例：将12.1498修约到个数位，得12；将12.1498修约到一位小数，得12.1。

(2) 拟舍弃数字的最左一位数字大于5，则进一，即保留数字的末位数字加1。

例：将1268修约到"百"数位，得13×10^2（特定场合可写为1300）。

(3) 拟舍弃数字的最左一位数字是5，且其后有非0数字时进一，即保留数字的末位数字加1。

例：将10.5002修约到个数位，得11。

(4) 拟舍弃数字的最左一位数字为5，且其后无数字或皆为0时，若所保留的末位数字为奇数(1，3，5，7，9)则进一，即保留数字的末位数字加1；若所保留的末位数字为偶数(0，2，4，6，8)，则舍去。

例1：修约间隔为0.1（或10^{-1}），拟修约数值为1.050，修约值为10×10^{-1}（特定场合可写为1.0）；拟修约数值为0.35，修约值为4×10^{-1}（特定场合可写为0.4）。

例2：修约间隔为1000（或10^3），拟修约数值为2500，修约值为2×10^3（特定场合可写为2000）；拟修约数值为3500，修约值为4×10^3（特定场合可写为4000）。

(5) 负数修约时，先将它的绝对值按上述规定进行修约，然后在所得值前面加上负号。

例1：将下列数字修约到"十"数位：拟修约数值为-355，修约值为-36×10（特定场合可写为-360）；拟修约数为-325，修约值为-32×10（特定场合可写为-320）。

例2：将下列数字修约到三位小数，即修约间隔10^{-3}：拟修约数值为-0.0365，修约值为-36×10^{-3}（特定场合可写为-0.036）。

0.3.2 平均值、标准差、变异系数与通用计量名词

进行观测是要求得某一物理量的真值。但是，真值是无法测定的，所以要设法找出一个可以用来代表真值的最佳值。

1. 平均值

将某一未知量x测定n次，其观测值为x_1、x_2、x_3、……x_n，将它们平均得

$$\bar{x}=\frac{x_1+x_2+x_3+\cdots+x_n}{n}=\frac{1}{n}\sum_{i=1}^{n}x_i$$

算术平均值是一个经常用到的很重要的数值，当观测数值越多时，它越接近真值。平均值只能用来了解观测值的平均水平，而不能反映其波动情况。

2. 标准差

观测值与平均值之差的平方和的平均值称为方差，用符号σ^2表示。方差的平方根称为标准差，用σ表示

$$\sigma = \sqrt{\frac{\sum_{i=1}^{n}(x_i - \bar{x})^2}{n}}$$

σ 是表示测量次数 $n \to \infty$ 时的标准差，而在实测中只能进行有限次的测量，其标准差可用 s 表示。即

$$s = \sqrt{\frac{\sum_{i=1}^{n}(x_i - x)^2}{n-1}}$$

标准差是衡量波动性的指标。

3. 变异系数

标准差只能反映数值绝对离散的大小，也可以用来说明绝对误差的大小，而人们实际上更关心其相对误差的大小，即相对离散的程度，这在统计学上用变异系数 C_v 来表示。计算式为

$$C_v = \frac{\sigma}{\bar{x}} \quad \text{或} \quad C_v = \frac{s}{\bar{x}}$$

如同一规格的材料经过多次试验得出一批数据，就可通过计算平均值、标准差与变异系数来评定其质量或性能的优劣。

4. 通用计量名词及其定义

（1）测量误差：测量结果与被测量真值之差。
（2）测得值：从计量器具直接得出或经过必要计算而得出的量值。
（3）实际值：满足规定准确度的用来代替真值使用的量值。
（4）测量结果：由测量所得的被测量值。
（5）观测误差：在测量过程中由于观测者主观判断所引起的误差。
（6）系统误差：在对同一被测量的多次测量过程中，保持恒定或以可预知方式变化的测量误差的分量。
（7）随机误差：在对同一被测量的多次测量过程中，以不可预见方式变化的测量误差的分量。
（8）绝对误差：测量结果与被测量真值之差。
（9）相对误差：测量的绝对误差与被测量真值之比。
（10）允许误差：技术标准、检定规程等对计量器具所规定的允许误差极限值。

0.4 工程材料技术标准

技术标准主要是对产品与工程建设的质量、规格及其检验方法等所作的技术规定，是从事生产、建设、科学研究工作与商品流通的一种共同的技术依据。

0.4.1 技术标准的分类

技术标准通常分为基础标准、产品标准和方法标准。

（1）基础标准：指在一定范围内作为其他标准的基础，并普遍使用的具有广泛指导意义的标准，如《水泥的命名、定义和术语》。

(2) 产品标准：是衡量产品质量好坏的技术依据，如《通用硅酸盐水泥》。

(3) 方法标准：是指以试验、检查、分析、抽样、统计、计算、测定作业等各种方法为对象制定的标准，如《水泥胶砂强度检验方法》。

0.4.2　技术标准的等级

根据发布单位与适用范围，建筑材料技术标准分为国家标准、行业标准（含协会标准）、地方标准和企业标准四级。

各级标准分别由相应的标准化管理部门批准并颁布，我国国家质量监督检验检疫总局是国家标准化管理的最高机关。国家标准和部门行业标准都是全国通用标准，分为强制性标准和推荐性标准。省、自治区、直辖市有关部门制定的工业产品的安全和卫生要求等地方标准在本行政区域内是强制性标准。企业生产的产品没有国家标准、行业标准和地方标准的，企业应制定相应的企业标准作为组织生产的依据。企业标准由企业组织制定，并报请有关主管部门审查备案。鼓励企业制定各项技术指标均严于国家、行业、地方标准的企业标准在企业内使用。

0.4.3　常用技术标准的代号

GB——中华人民共和国国家标准。

GBJ——国家工程建设标准。

GB/T——中华人民共和国推荐性国家标准。

ZB——中华人民共和国专业标准。

ZB/T——中华人民共和国推荐性专业标准。

JC——中华人民共和国建筑材料工业局行业标准。

JG/T——中华人民共和国建设部建筑工程行业推荐性标准。

JGJ——中华人民共和国建设部建筑工程行业标准。

YB——中华人民共和国冶金工业部行业标准。

SL——中华人民共和国水利部行业标准。

JTJ——中华人民共和国交通部行业标准。

CECS——工程建设标准化协会标准。

JJG——国家计量局计量检定规程。

DB——地方标准。

Q/xxx——xxx 企业标准。

标准系由标准名称、部门代号、编号和批准年份等组成。

0.5　工程检测基本技术

0.5.1　测试技术

1. 取样

在进行试验之前，首先要选取试样。试样必须具有代表性，取样原则为随机取样，即在若干堆(捆、包)材料中,对任意堆放的材料随机抽取试样。

2. 仪器的选择

试验仪器设备的精度要与试验规程的要求一致,并且有实际意义。

试验需要称量时,称量要有一定的精确度,如试样称量精度要求为0.1g,则应选择感量0.1g的天平。对试验机量程也有选择要求,根据试件破坏荷载的大小,应使指针停在试验机读盘的第二、三象限内为最佳。

3. 检测

检测前一般应将取得的试样进行处理、加工或成型,以制备满足检测要求的试样或试件。检测应严格按照检测规程进行。

4. 结果计算与评定

对各次检测结果进行数据处理,一般取 n 次平行试验结果的算术平均值作为检测结果。检测结果应满足精确度与有效数字的要求。

检测结果经计算处理后应给予评定,看是否满足标准要求或评定等级,在某种情况下还应对试验结果进行分析,并得出结论。

0.5.2 检测条件

同一材料在不同的检测条件下,会得出不同的检测结果,因此要严格控制检测条件,以保证检测结果的可比性。

1. 温度

试验室的温度对某些试验结果影响很大,如石油沥青的针入度、延度检测,一定要控制在25℃的恒温水浴中进行。

2. 湿度

检测时试件的湿度也明显影响检测数据,试件的湿度越大,测得的强度越低。因此,试验室的湿度应控制在规定的范围内。

3. 试件的尺寸与受荷面平整度

对同一材料,小试件强度比大试件强度高;相同受压面积的试件,高度小的比高度大的试件强度高。因此,试件尺寸要合乎规定。

试件受荷面的平整度也影响测试强度,如果试件受荷面粗糙,会引起应力集中,降低试件强度,所以试件表面要找平。

4. 加荷速度

加荷速度越快,试件的强度越高。因此,对材料的力学性能检测,都要有加荷速度的规定。

0.5.3 检测报告

检测的主要内容都应在检测报告中反映,报告的形式可以不尽相同,但其都应包括如下内容。

(1) 检测名称、内容。
(2) 目的与原理。
(3) 试样编号、测试数据与计算结果。
(4) 结果评定与分析。
(5) 检测条件与日期。
(6) 检测、校核、技术负责人。

检测报告是经过数据整理、计算、编制的结果，而不是原始记录，也不是实际过程的罗列，经过整理计算后的数据，可用图、表等表示，达到一目了然的效果。为了编写出符合要求的试验报告，在整个试验过程中必须认真做好有关现象、原始数据的记录，以便于分析、评定测试结果。

0.6 见证取样和送检制度

见证取样和送检制度是指在承包单位按规定自检的基础上，在建设单位、监理单位的试验检测人员的见证下，由施工人员在现场取样，送至指定单位进行检测。

0.6.1 见证取样的范围

1. 见证取样的数量

涉及结构安全的试块、试件和材料，见证取样和送样的比例不得低于有关技术标准中规定应取样数量的30%。

2. 见证取样的范围

按规定，下列试块、试件和材料必须实施见证取样和送检。
(1) 用于承重结构的混凝土试块。
(2) 用于承重墙体的砌筑砂浆试块。
(3) 用于承重结构的钢筋及连接接头试件。
(4) 用于承重墙的砖和混凝土小型砌块。
(5) 用于拌制混凝土和砌筑砂浆的水泥。
(6) 用于承重结构的混凝土中使用的掺加剂。
(7) 地下、屋面、厕浴间使用的防水材料。
(8) 国家规定必须实行见证取样和送检的其他试块、试件和材料。

0.6.2 见证取样的内容

1. 见证取样涉及三方行为

施工方、见证方、试验方。

2. 试验室的资质资格管理

(1) 各级工程质量监督检测机构(有CMA章，即计量认证，1年审查1次)。
(2) 建筑企业试验室(逐步转为企业内控机构)，4年审查1次(它不属于第三方试验室)。
第三方试验室检查：①计量认证书，CMA章。②查附件，备案证书。

CMA(中国计量认证/认可)是依据《中华人民共和国计量法》为社会提供公正数据的产品质量检验机构。

计量认证分为两级实施：一级为国家级，由国家认证认可监督管理委员会组织实施；一级为省级，实施的效力完全是一致的。

见证人员必须取得《见证员证书》，且通过业主授权，并且授权后只能承担所授权工程的见证工作。对进入施工现场的所有建筑材料，必须按规范要求实行见证取样和送检试验，试验报告纳入质保资料。

0.6.3 见证取样和送检的程序

1. 取样

施工单位：材料取样和试件制作。

见证人人员：①对材料取样和试件制作见证；②在试件或其包装上作标记；③填写《见证记录台账》。

2. 送检

取样后将试件从现场移交给试验单位的过程。

3. 收件

4. 试验报告

5点要求：①试验报告应打印；②试验报告采用省统一用表；③试验报告签名一定要手签；④试验报告应有"有见证检验"专用章统一格式；⑤注明见证人的姓名。

5. 报告领取

第一种情况：检验结果合格，由施工单位领取报告，办理签收登记。

第二种情况：检验结果不合格，试验单位通知见证人上报监督站。由见证人领取试验报告。

在见证取样和送检试验报告中，试验室应在报告备注栏中注明见证人，加盖"有见证检验"专用章，不得再加盖"仅对来样负责"的印章，一旦发生试验不合格情况，应立即通知监督该工程的建设工程质量监督机构和见证单位，出现试验不合格而需要按有关规定重新加倍取样复试时，还需按见证取样送检程序来执行。

未注明见证人和无"有见证检验"章的试验报告，不得作为质量保证资料和竣工验收的资料。

材料进场要登记台账，见证取样送检试验记录要登记台账。

第1章 建筑材料基本性质检测

1.1 建筑材料基本性质检测任务介绍

通过试验测定材料密度,计算材料孔隙率和密实度。本试验以水泥的密度试验(李氏瓶法)为例。

李氏瓶:横截面形状为圆形,结构材料是优质玻璃,透明无条纹,且有抗化学侵蚀性且热滞后性小,有足够的厚度以确保较好的耐裂性。瓶颈刻度为0~24mL,主要用于水泥的检验,如图1.1所示。

图1.1 李氏瓶

1.2 建筑材料基本性质检测学习目标

(1)描述材料密度的种类。
(2)能用李氏瓶法测水泥的密度。
(3)按照试验规程,正确使用试验仪器、设备进行对水泥密度的测定。
(4)正确填写试验检测报告。

1.3 建筑材料基本性质检测任务实施

1.3.1 建筑材料基本性质检测学习准备

(1)材料在不同构造状态下的密度有_____、_____、_____、_____。
(2)什么是李氏瓶?李氏瓶有何作用?

_____
_____
_____

（3）李氏瓶可以对哪些材料的密度进行检测？

___

___

___

（4）李氏瓶怎样使用？

___

___

1.3.2 建筑材料基本性质检测计划

根据《水泥密度测定方法》（GB/T 208—1994）选择合适的试验方法对水泥的密度进行检测。

1.3.3 建筑材料基本性质检测实施

引导问题：如何对水泥密度进行检测？

1. 试验工具准备

检查本次试验所需仪器设备是否齐全，见表1-1。

表1-1 水泥密度检测仪器准备

仪器设备	任务完成则画"√"
李氏瓶	□
恒温水槽（图1.2）、温度计、干燥器	□
天平：感量为0.01g	□
无水煤油：应符合 GB 253 要求	□

图1.2 恒温水槽

2. 试件制备

水泥样式应预先通过_____方孔筛（图1.3），在(110±5)℃温度下干燥_____，并在干燥器内冷却至室温。

图1.3　方孔筛

3. 试验步骤

（1）将无水煤油注入李氏瓶中至0刻度线处（以弯月面最低处为准），盖上瓶塞放入恒温水槽内，在20℃下使刻度部分浸入水中恒温30min，记下第一次读数即初始读数V_1(mL)。

（2）从恒温水槽中取出李氏瓶，用滤纸将李氏瓶细长颈内没有煤油的部分擦拭干净。

（3）称取水泥试样$m=60$g，精确至0.01g。用小匙将水泥样品一点点的装入李氏瓶中，反复摇动至煤油气泡排出，再次将李氏瓶置于恒温水槽中恒温30min，记下第二次读数V_2(mL)，两次读数时恒温水槽温度差不大于0.2℃。

4. 检测结果计算与评定

（1）水泥的密度ρ_c按下式计算（精确至0.01g/cm³）。

$$\rho_c = m/V_2 - V_1 \qquad (1-1)$$

式中：m——试样质量，g；

V_2——第2次读数，cm³或mL；

V_1——第1次读数，cm³或mL。

（2）以两个试样试验结果的算术平均值作为水泥密度的测定值，精确至0.01g/cm³。两个试样试验结果之差不得超过0.02g/cm³。

特别提示

计算结果保留小数点后两位。

第2章

气硬性胶凝材料的检测

2.1 气硬性胶凝材料的检测任务介绍

建筑上能将砂、石子、砖、石块、砌块等散粒或块状材料黏结为一体的材料,统称为胶凝材料。胶凝材料品种繁多,按化学成分可分为有机与无机两大类;按硬化条件可分为气硬性与水硬性胶凝材料两类。本章介绍常用的无机胶凝材料中气硬性的胶凝材料(以石灰、建筑石膏为例)。这些材料只能在空气中凝结硬化,并在空气中保持或发展其强度。

2.2 气硬性胶凝材料的检测学习目标

(1)描述常用气硬性材料的种类及各自适用范围。
(2)能用目测法鉴别石灰粉颗粒粗细程度。
(3)描述建筑消石灰粉的技术指标。
(4)按照试验规程,正确使用试验仪器、设备进行对生石灰消化速度的各项技术指标的测定。
(5)根据试验检测数据比对相关标准,对石灰消化进行分析判断。
(6)正确填写试验检测报告。

2.3 气硬性胶凝材料的检测任务实施

2.3.1 气硬性胶凝材料的检测学习准备

(1)常用气硬性胶凝材料有_____、_____、_____。
(2)石膏按其应用有哪些种类?各自的适用范围是什么?

名称	适用范围

(3)石灰在熟化后为什么需要"陈伏"一段时间?

_____

_____

_____

2.3.2 气硬性胶凝材料的检测计划

根据《建筑石灰试验方法物理试验方法》(JC/T 478.1—1992)选择合适的试验方法对石灰进行检测。

2.3.3 气硬性胶凝材料的检测实施

引导问题1:如何对石灰粉颗粒粗细程度进行检测?

1. 检测工具准备

检查本次检测所需仪器设备是否齐全,见表2-1。

表2-1 石灰粉颗粒检测工具准备

仪器设备	任务完成则画"√"
试验筛:0.900mm、0.125mm方孔筛一套	□
羊毛刷:4号	□
天平:秤重量100g,分度值1g	□

2. 试件制备

试件取样数量为_____。

3. 检测步骤

秤取试样_____ g,倒入0.900mm、0.125mm方孔筛内进行筛分,筛分时一只手握住试验筛,并用手轻轻敲打,在有规律的间隔中,水平旋转试验筛,并在固定的基座上轻敲试验筛,用羊毛刷轻轻地从筛上面刷,直至2min内通过量小于0.1g为止。分别称量筛余物质量 m_1、m_2。

4. 检测结果计算与评定

筛余百分含量(X_1)、(X_2)按式(2-1)和式(2-2)计算。

$$X_1 = \frac{m_1}{m} \times 100\% \tag{2-1}$$

$$X_2 = \frac{m_1 + m_2}{m} \times 100\% \tag{2-2}$$

式中:X_1——0.090mm方孔筛筛余百分含量,%;

X_2——0.125mm、0.900mm方孔筛两筛上的总筛余百分含量,%;

m_1——0.900mm方孔筛余物质量,g;

m_2——0.125mm方孔筛余物质量,g;

m——样品质量,g。

特别提示

计算结果保留小数点后两位。

引导问题2:生石灰消化速度应如何进行检测?

1. 检测工具准备

检查本次检测所需仪器设备是否齐全,见表2-2。

表 2-2　生石灰消化速度检测所需仪器

仪器设备	任务完成则画"√"
保温瓶：瓶胆全长 162mm；瓶身直径 61mm；口内径 28mm；容量 200mL；盖上白色橡胶塞，在塞中心开孔插入温度计	□
长尾水银温度计：计量 150℃	□
秒表	□
天平：秤重量 100g，分度值 1g	□
玻璃量筒：50mL	□

2. 试件制备

（1）生石灰，将试样约_____g，全部粉碎通过 5mm 圆孔筛，用四分法索取_____g，在瓷钵体内研细至全部通过 0.900mm 方孔筛，混匀装入磨口瓶内备用。

（2）生石灰粉，将试样混匀，用四分法索取_____g，装入磨口瓶内备用。

特别提示

在取样时取样量应控制在一定范围以内，不易多于 500g。

3. 检测步骤

（1）检查保温瓶上盖及温度计装置，温度计下端应保证能插入试样中间。

（2）在保温瓶中加入 20℃左右蒸馏水 20mL，秤取试样 10g，精确至 0.2g，倒入保温瓶的水中，立即开动秒表，同时盖上瓶盖，轻轻摇动保温瓶数次，自试样倒入水中时算起，每隔 30s 读取一次温度，临近终点时仔细观察，记录达到最高温度及温度开始下降的时间，以达到最高温度所需的时间为消化速度（以 min 计）。

4. 检测结果计算与评定

以两次评定结果的算术平均值为结果，消化速度在 10min 以内时为快熟石灰；10～30min 时为中熟石灰；在 30min 以上时为慢熟石灰。

特别提示

计算结果保留小数点后两位。

2.4　建筑石膏检测标准

·本标准参照采用国际标准《石膏灰泥的一般试验条件》、《石膏灰泥粉料物理性能的测定》和《石膏灰泥力学性能的测定》。

2.4.1　主题内容与适用范围

本标准规定了建筑石膏的技术要求和试验方法。

本标准适用于天然石膏石制得的建筑石膏。它是以 β 半水石膏（$2CaSO_4 \cdot H_2O$）为主要成分,不预加任何外加剂的粉状胶结料,主要用于制作石膏建筑制品。

2.4.2 引用标准

GB/T 17671—1999 水泥胶砂强度检验方法（ISO 法）。

GB 1346—2001 水泥标准稠度用水量、凝结时间、安定性检验方法。

JG/T —2005 水泥胶砂电动抗折试验机。

GB/T 5483—2008 天然石膏。

2.4.3 产品标记

1. 标记方法

标记的顺序为：产品名称、抗折强度及标准号。

2. 标记示例

抗折强度为 2.5MPa 的建筑石膏：建筑石膏 2.5 GB 9776。

2.4.4 原料分类、等级与规格

1. 分类

天然石膏产品按矿物组分分为：石膏（代号 G）、硬石膏（代号 A）和混合石膏（代号 M）3 类。

2. 等级

各类天然石膏按品位分为特级、一级、二级、三级、四级等 5 个级别。

3. 规格

产品的块度不大于 400mm。如有特殊要求,由供需双方商定。

2.4.5 技术要求

建筑石膏按技术要求分为优等品、一等品和合格品 3 个等级。

1. 强度

建筑石膏的强度均不得小于表 2-3 规定的数值。

表 2-3 MPa(kgf/cm²)建筑石膏的强度等级

等级	优等品	一等品	合格品
抗折强度	2.5(25.0)	2.1(21.0)	1.8(18.0)
抗压强度	4.9(50.0)	3.9(40.0)	2.9(30.0)

2. 细度

建筑石膏的细度以 0.2mm 方孔筛筛余百分数计,应大于表 2-4 规定的数值。

表 2-4　建筑石膏的细度等级

等级	优等品	一等品	合格品
0.2mm 方孔筛筛余(%)	5.0	10.0	15.0

3. 凝结时间

建筑石膏的初凝时间不应小于 6min；终凝时间不应大于 30min。

2.4.6　检测方法

1. 检测仪器与设备

1) 标准筛

筛孔边长为 0.2mm 的方孔筛，筛底有接收盘，顶部有筛盖盖严。

2) 松散容重测定仪

仪器是一个支在三条支架上的铜质锥形漏斗，漏斗中部设有边长为 2mm 的方孔筛。仪器还附有一个容重桶，其容量为 1L，并配有一个套筒。

3) 稠度仪

仪器由内径为 50±0.1mm，高为 100±0.1mm 的铜质筒体、240mm×240mm 的玻璃板，以及筒体提升机构组成。筒体上升速度为 15cm/s，并能下降复位。

4) 搅拌器具

(1) 搅拌碗：用不锈钢制成，碗口内径为 16cm，碗深 6cm。

(2) 搅拌锅：采用 GB 177 中的搅拌锅，在锅外壁上装有把手，便于手持。

(3) 拌和棒：由 3 个不锈钢丝弯成的椭圆形套环所组成，钢丝直径为 1～2mm，环长约 100mm，宽约 45mm，具有一定弹性。

5) 凝结时间测定仪

采用 GB 1346—2011 中的水泥凝结时间测定仪。

6) 试模

采用 GB 177/T 17671—1999 中的水泥胶砂强度试模。

7) 电热鼓风干燥箱

控温器灵敏度为 ±1℃。

8) 抗折试验机

采用 JG/T—2005 中的电动抗折试验机。

9) 抗压试验机

采用最大出力为 50kN 的抗压试验机。示值误差不大于 ±1.0%。

10) 抗压夹具

采用 GB 177/T 17671—1999 中的抗压夹具。

11) 刮平刀

采用 GB 177/T 17671—1999 中的刮平刀。

2. 试样

从每批需要试验的建筑石膏中抽取至少 15kg 试样。试样从 10 袋中等量地抽取。将试样充分拌匀，分为3等份，保存在密封容器中。其中一份做试验，其余两份在室温下保存3个月，必要时用它做仲裁试验。

3. 检测条件

试验室温度为(20±5)℃，空气相对湿度为65%±10%。建筑石膏试样、拌和水及试模等仪器的温度应与室温相同。

4. 检测步骤

1) 细度的测定

从密封容器内取出500g试样，在(40±2)℃下烘至恒重(烘干时间相隔1h的重量差不超过0.5g即为恒重)，并在干燥器中冷却至室温。将试样按下述步骤连续测定两次：称取(50±0.1)g试样，倒入安上筛底的0.2mm的方孔筛中，盖上筛盖。一只手拿住筛子略微倾斜地摆动，使其撞击另一只手。撞击的速度为每分钟125次。摆动幅度为20cm，每摆动25次后筛子旋转90°，继续摆动。试验中发现筛孔被试样堵塞时，可用毛刷轻刷筛网底面，使网孔疏通，继续进行筛分。筛分至4min时，去掉筛底，在纸上按上述规定筛分1min。称重筛在纸上的试样，当其小于0.1g时，认为筛分完成，称取筛余量，精确至0.1g。细度以筛余量的百分数表示，计算至0.1%。如两次测定结果的差值小于1%，则以平均值作为试样细度，否则应再次测定，至两次测定值之差小于1%，再取二者的平均值。

2) 松散容重的测定

从密封容器内取出2000g试样，充分拌匀，在松散容重测定仪上，按下述步骤连续测定两次：称量不带套筒的容重桶，精确至5g。在容重桶上装上套筒，并将其放在锥形漏斗下。试样以100g为一份倒入漏斗，用毛刷搅动试样，使其通过漏斗中部的筛网落入容重桶中。当装有套筒的容重桶填满时，在避免振动的情况下移去套筒，用直尺刮平表面，使桶中的试样表面与容重桶上缘齐平，称量容重桶和试样的重量，精确至5g。松散容重按式(2-3)计算

$$(G_1 - G_0)v/V \qquad (2-3)$$

式中：v——松散容量，g/L；

G_0——容重桶重量，g；

G_1——容重桶和试样的重量，g；

V——容重桶容积，L。

如果两次测定结果之差小于小值的5%，则以平均值作为试样的松散容重。否则应再次测定，至两次测定值之差小于小值的5%，再取二者的平均值。

3) 标准稠度用水量的测定

试验前，将稠度仪的筒体内部及玻璃板擦净，并保持湿润。将筒体垂直地放在玻璃板上，筒体中心与玻璃板下一组同心圆的中心重合。

将估计为标准稠度用水量的水倒入搅拌碗中。试样(300±1)g在5s内倒入水中，用拌和棒搅拌30s，得到均匀的石膏浆，边搅边迅速注入稠度仪筒体，用刮刀刮去溢浆，使其与筒体上端面齐平。从试样与水接触开始，至总时间为50s时，开动仪器提升机构。待筒体提去后，测定料浆扩展成的试饼两垂直方向上的直径，计算其平均值。

记录连续两次料浆扩展直径等于(180±5)mm时的加水量，该水量与试样的重量比

(以百分数表示,精确至 1%)即为标准稠度用水量。

注：如果试验中,在水量递增或递减的情况下,所测试饼直径呈反复无规律变化,则应将试验室条件下铺成厚 1cm 以下的薄层,放置 3d 以上再测定。

4) 凝结时间的测定

从密封容器内取出 500g 试样,充分拌匀,然后在凝结时间测定仪上,按下述步骤连续测定两次。

开始试验前,检查仪器的活动杆能否自由落下,并检查仪器指针的位置。当钢针碰到仪器底座上的玻璃板时,指针应与刻度板的下标线相重合。同时将环模涂以矿物油放在玻璃底板上。

称取试样(200±1)g,按标准稠度用水量量水,倒入搅拌碗中。在 5s 内将试样倒入水中,搅拌 30s,得到均匀的料浆,倒入环模中。为了排除料浆中的空气,将玻璃底板抬高约 10mm,上下振动 5 次。用刮刀刮去溢浆,使其与环模上端面齐平。将装满料浆的环模连同玻璃底板放在仪器的钢针下,使针尖与料浆的表面相接触,并离开环模边大于 10mm。迅速放松杆上的固定螺丝,针即自由插入料浆中。针的插入和升起每隔 30s 重复一次,每次都应改变插点,并将针擦净、校直。

记录从试样与水接触开始,到钢针第一次碰不到玻璃底板所经历的时间,此即试样的初凝时间。记录从试样与水接触开始,到钢针插入料浆的深度不大于 1mm 所经历的时间,此即试样的终凝时间。凝结时间以 min 计,带有零数 30s 时进作 1min。

取两次测定结果的平均值,作为试件的初凝和终凝时间。

5) 抗折强度的测定

从密封容器内取出 1100g 试样,充分拌匀。称取试样(1000±1)g,并按标准稠度用水量量水,倒入搅拌锅中。在 30s 内将试样均匀地撒入水中,静置 1min,用拌和棒在 30s 内搅拌 30 次,得到均匀的料浆。

接着用料勺以 3r/min 的速度搅拌,使料浆保持悬浮状态,直至开始稠化。当料浆从料勺上慢慢滴落在料浆表面能形成一个小圆锥时,用料勺将料浆灌入预先涂有一薄层矿物油的试模内。试模充满后,将模子的一端用手抬起约 10mm,突然使其落下,如此振动 5 次,以排除料浆中的气泡。当从溢出的料浆中看出已经初凝时,用刮平刀刮去溢浆,但不必抹光表面。待水与试样接触开始至 1.5h 时,在试件表面编号并拆模,脱模后的试件存放在试验室条件下,至试样与水接触达 2h 时,进行抗折强度的测定。

测定抗折强度时,将试件放在抗折试验机的两个支承辊上,试件的成型面(即用刮平刀刮平的表面)应侧立,试件各棱边与各辊垂直,并使加荷辊与两个支承辊保持等距。开动抗折试验机,使试件折断。记录 3 个试件的抗折强度 R_f(MPa),并计算其平均值,精确至 0.1MPa。如果测得的 3 个值与它们平均值的差不大于 10%,则用该平均值作为抗折强度;如果有一个值与平均值的差大于 10%,应将此值舍去,以其余二值计算平均值;如果有一个以上的值与平均值之差大于 10%,应重做试验。

6) 抗压强度的测定

用做完抗折试验后得到的 6 个半块试件进行抗压强度的测定。

试验时将试件放在抗压夹具内,试件的成型面应与受压面垂直,受压面积为 40.0mm×62.5mm。将抗压夹具连同试件置于抗压试验机上、下台板之间,下台板球轴应通过试件受压面中心。开动机器,使试件在加荷开始后 20~40s 内破坏。记录每个试件的破坏荷载

P,抗压强度 R_c 按式(2-4)计算

$$R_c = P/2500 \tag{2-4}$$

式中：R_c——抗压强度，MPa；

P——破坏荷载，N。

计算 6 个试件抗压强度的平均值。如果测得的 6 个值与它们平均值的差不大于 10%，则用该平均值作为抗压强度；如果有某个值与平均值之差大于 10%，应将此值舍去，以其余的值计算平均值；如果有两个以上的值与平均值之差大于 10%，应重做试验。

2.4.7 包装、标志、运输和储存

（1）建筑石膏一般采用袋装，可用具有防潮的及不易破损的纸袋或其他复合袋包装。

（2）包装袋上应清楚标明产品标记、制造厂名、生产批号和出厂日期、质量等级、商标和防潮标志。

（3）建筑石膏在运输与储存时不得受潮和混入杂物。不同等级的建筑石膏应分别储运，不得混杂。

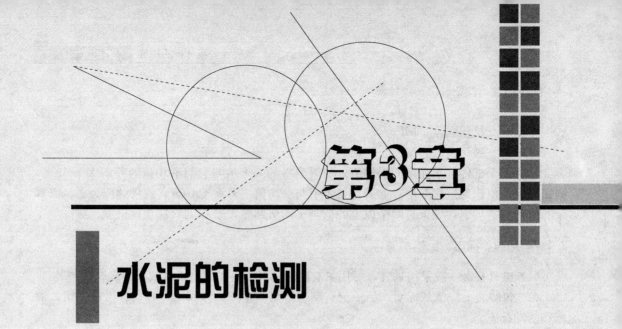

第3章

水泥的检测

3.1　水泥的检测任务介绍

水泥是应用极广的水硬性胶凝材料，广泛应用于工业、农业、国防、水利、交通、城市建设、海洋工程等的基本建设中，用来生产各种混凝土、钢筋混凝土及其他水泥产品。主要有通用水泥和特性水泥两种。本章的学习任务是针对具体的工程设计资料，完成水泥的密度、细度、标准稠度用水量、凝结时间、安定性、胶砂强度的试验检测，并对其结果进行评价，确定其能否用于工程中。

3.2　水泥的检测学习目标

（1）描述通用水泥的种类及各自适用范围。
（2）描述特性水泥的种类及各自适用范围。
（3）按照试验规程，正确使用试验仪器、设备进行通用水泥的各项技术指标的测定。
（4）根据试验检测数据比对相关标准，对通用水泥进行分析判断。
（5）正确填写试验检测报告。

3.3　水泥的检测任务实施

工程描述：某工地新进一批水泥用于施工，如图 3.1 所示。请根据相关标准和规范进行验收和检测。

图 3.1　新进场水泥

3.3.1　水泥的检测学习准备

（1）通用水泥指通用硅酸盐水泥，其按混合材料的品种和掺量分为_____、_____、_____、_____、_____和_____。

(2) 水泥有哪些品种？各自的适用条件是什么？

品种	适用条件

3.3.2 水泥的检测计划

根据《水泥密度测定方法》(GB/T 208—1994)检测密度，根据《水泥细度检验方法筛析法》(GB/T 1345—2005)检测细度，根据《水泥标准稠度用水量、凝结时间、安定性检验方法》(GB/T 1346—2001)检测标准稠度用水量、凝结时间、安定性，根据《水泥胶砂强度检验方法(ISO法)》(GB/T 17671—1999)检测胶砂强度。

3.3.3 水泥的检测实施

引导问题1：如何对水泥进行取样？

1. 样品数量

1) 混合样

水泥试样必须在同一批号不同部位处等量采集，取样试点至少20点，经混合均匀后用防潮容器包装，重量不少于12kg。

2) 分割样

袋装水泥：每1/10编号从一袋中取至少6kg。

散装水泥：每1/10编号在5min内取至少6kg。

2. 取样方法

1) 取样工具

(1) 袋装水泥：采用如图3.2所示的取样管。

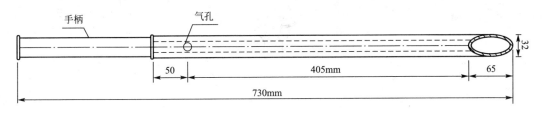

图 3.2　袋装水泥取样管

（2）散装水泥：采用如图 3.3 所示的取样管。也可采用其他能够取得有代表性样品的后工取样工具。

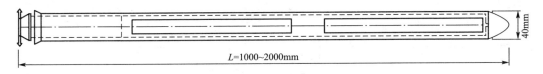

图 3.3　散装水泥取样管

2）取样步骤

随机选择 20 个以上不同的部位，将取样管插入水泥适当深度，用大拇指按住气孔，小心抽出取样管。将所取样品放入洁净、干燥、不易受污染的容器中。

3．样品制备

1）样品缩分

样品缩分可采用二分器，一次或多次将样品缩分到标准要求的规定量。

2）试验样及封存样

将每一编号所取水泥混合样通过 0.900mm 方孔筛，均分为试验样和封存样。

4．样品的包装与储存

（1）样品取得后应存放在密封的金属容器中，加封条。容器应洁净、干燥、防潮、密闭、不易破损、不与水泥发生反应。

（2）封存样应密封保管 3 个月，试验样应妥善保管。

（3）存放样品的容器应至少在一处加盖清晰、不易擦掉的标有编号、取样时间、地点、人员的密封印，如只在一处标志应在器壁上。

（4）封存样应储存于干燥、通风的环境中。

引导问题 2：如何对水泥的密度进行检测？

1．检测工具准备

检查本次试验所需仪器设备是否齐全，见表 3-1。

表 3-1　水泥密度检测所需仪器

仪器设备	任务完成则画"√"
李氏瓶(图 3.4)	□
恒温水槽	□

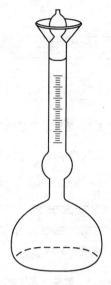

图 3.4 李氏瓶

2. 试样制备

取样数量为_____。

3. 检测步骤

(1) 将无水煤油注入李氏瓶中到 0～1mL 刻度线后(以弯月面下部为准),盖上瓶塞放入恒温水槽内,使刻度部分浸入水中(水温应控制在李氏瓶刻度时的温度),恒温_____,记下初始(第一次)读数。

(2) 从恒温水槽中取出李氏瓶,用滤纸将李氏瓶细长颈内没有煤油的部分仔细擦干净。

(3) 水泥试样应预先通过 0.900mm 方孔筛,在(110±5)℃温度下干燥 1h,并在干燥器内冷却至室温。称取水泥 60g,称准至_____。

(4) 用小匙将水泥样品一点点地装入李氏瓶中,反复摇动(亦可用超声波振动),至没有气泡排出,再次将李氏瓶静置于恒温水槽中,恒温_____,记下第二次读数。

(5) 第一次读数至第二次读数,恒温水槽的温度差不大于_____。

4. 检测结果计算与评定

(1) 水泥体积应为第二次读数减去初始(第一次)读数,即水泥所排开的无水煤油的体积(mL)。

(2) 水泥密度 ρ(g/cm³)按下式计算

$$水泥密度\ \rho = 水泥质量(g)/排开的体积(cm^3)$$

特别提示

结果计算到小数点后第三位,且取整数到 0.01g/cm³,试验结果取两次测定结果的算术平均值,两次测定结果之差不得超过 0.02g/cm³。

引导问题 3：如何对水泥的细度进行检测？

1. 试验工具准备

检查本次试验所需仪器设备是否齐全，见表 3-2。

表 3-2 水泥细度检测所需仪器

仪器设备	任务完成则画"√"
试验筛(图 3.5)	☐
负压筛析仪(图 3.6)	☐
水筛架和喷头(图 3.7)	☐
天平(图 3.8)	☐

图 3.5 试验筛

图 3.6 负压筛析仪

图 3.7 水筛架和喷头

图 3.8 天平

2. 试样制备

试验前所用试验筛应保持清洁，负压筛和手工筛应保持干燥。试验时，80μm 筛析试验称取试样_____，45μm 筛析试验称取试样_____。

3. 检测步骤

1) 负压筛析法

(1) 筛析试验前应把负压筛放在筛座上，盖上筛盖，接通电源，检查控制系统，调节负压至_____范围内。

(2) 称取试样精确至_____，置于洁净的负压筛中，放在筛座上，盖上筛盖，接通电源，开动筛析仪连续筛析_____，在此期间如有试样附着在筛盖上，可轻轻地敲击筛盖使试样落下。筛毕，用天平称量全部筛余物。

2) 水筛法

(1) 筛析试验前，应确定水中无泥、砂，调整好水压及水筛架的位置，使其能正常运转，并控制喷头底面和筛网之间的距离为_____。

(2) 称取试样精确至_____，置于洁净的水筛中，立即用淡水冲洗至大部分细粉通过后，放在水筛架上，用水压为_____的喷头连续冲洗 3min。筛毕，用少量水把筛余物冲至蒸发皿中,等水泥颗粒全部沉淀后,小心倒出清水,烘干并用天平称量全部筛余物。

3) 手工筛析法

(1) 称取水泥试样精确至_____,倒入手工筛内。

(2) 用一只手持筛往复摇动,另一只手轻轻拍打,往复摇动和拍打过程应保持近于水平。拍打速度每分钟约为 120 次,每 40 次向同一方向转动 60°,使试样均匀分布在筛网上,直至每分钟通过的试样量不超过_____为止,称量全部筛余物。

4. 检测结果计算与评定

水泥试样筛余百分数按下式计算

$$F=\frac{R_t}{W}\times 100$$

式中:F——水泥试样的筛余百分数,%;

R_t——水泥筛余物的质量,g;

W——水泥试样的质量,g。

特别提示

结果计算精确至 0.1%,负压筛析法、水筛法和手工筛析法测定的结果发生争议时,以负压筛析法为准。

引导问题 4:如何对水泥的标准稠度用水量、凝结时间、安定性进行检测?

1. 检测工具准备

检查本次试验所需仪器设备是否齐全,见表 3-3。

表 3-3 检查所需仪器

仪器设备	任务完成则画"√"
水泥净浆搅拌机(图 3.9)	☐
标准法维卡仪(图 3.10)	☐
雷氏夹(图 3.11)	☐
沸煮箱(图 3.12)	☐
雷氏夹膨胀测定仪(图 3.13)	☐
量水器	☐
天平	☐

2. 试样制备

(1) 标准稠度用水量的测定:用水泥净浆搅拌机搅拌,搅拌锅和搅拌叶片先用湿布擦过,将拌和水倒入搅拌锅内,然后在_____内小心将称好的_____水泥加入水中,防止水和水泥溅出;拌和时,先将锅放在搅拌机的锅座上,升至搅拌位置,启动搅拌机,低

图 3.9　水泥净浆搅拌机

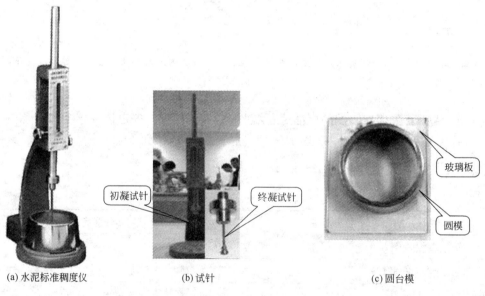

(a) 水泥标准稠度仪　　　(b) 试针　　　(c) 圆台模

图 3.10　标准法维卡仪

图 3.11　雷氏夹

图 3.12 沸煮箱

图 3.13 雷氏夹膨胀测定仪

速搅拌_____，停_____，同时将叶片和锅壁上的水泥浆刮入锅中间，接着高速搅拌_____停机。

（2）凝结时间的测定：以标准稠度用水量制成标准稠度净浆一次装满试模，振动数次刮平，立即放入湿气养护箱中。记录水泥全部加入水中的时间作为凝结时间的起始时间。

（3）安定性的测定：每个试样需成型两个试件，每个雷氏夹需配备质量约_____的玻璃板两块，凡与水泥净浆接触的玻璃板和雷氏夹内表面都要稍稍涂上一层油。将预先准备好的雷氏夹放在已稍擦油的玻璃板上，并立即将已制好的标准稠度净浆一次装满雷氏夹，装浆时一只手轻轻扶持雷氏夹，另一只手用宽约____的小刀插捣数次，然后抹平，盖上稍涂油的玻璃板，接着立即将试件移至湿气养护箱内养护_____。

3．检测步骤

1）标准稠度用水量

拌和结束后，立即将拌制好的水泥净浆装入已置于玻璃底板上的试模中，用小刀插捣，轻轻振动数次，刮去多余的净浆；抹平后迅速将试模和底板移到维卡仪上，并将其中心定在试杆下，降低试杆直至与水泥净浆表面接触，拧紧螺丝_____后，突然放松，使试杆垂直自由地沉入水泥净浆中。在试杆停止沉入或释放试杆____时记录试杆距底板之间的距离,升起试杆后,立即擦净;整个操作应在搅拌后_____内完成。

2)凝结时间

(1)初凝时间的测定。试件在湿气养护箱中养护至加水后_____时进行第一次测定。测定时,从湿气养护箱中取出试模放到试针下,降低试针与水泥净浆表面接触。拧紧螺丝_____后,突然放松,试针垂直自由地沉入水泥净浆。观察试针停止下沉或释放试针_____时指针的读数。

(2)终凝时间的测定。在完成初凝时间测定后,立即将试模连同浆体以平移的方式从玻璃板取下,翻转_____,直径大端向上,小端向下放在玻璃板上,再放入湿气养护箱中继续养护,临近终凝时间时每隔_____测定一次。

3)安定性

(1)调整好沸煮箱内的水位,以保证在整个沸煮过程中都高过试件,不需中途添补试验用水,同时又能保证在_____内升至沸腾。

(2)脱去玻璃板取下试件,先测量雷氏夹指针尖端间的距离(A),精确到_____,接着将试件放入沸煮箱水中的试件架上,指针朝上,然后在_____内加热至沸并恒沸_____。

(3)沸煮结束后,立即放掉沸煮箱中的热水,打开箱盖,待箱体冷却至室温,取出试件进行判别。测量雷氏夹指针尖端的距离(C),准确至_____。

4.检测结果计算与评定

1)标准稠度用水量

以试杆沉入净浆并距底板(6±1)mm 的水泥净浆为标准稠度净浆。其拌和水量为该水泥的标准稠度用水量(P),按水泥质量的百分比计。

2)凝结时间的测定

(1)初凝时间:当试针沉至距底板(4±1)mm 时,水泥达到初凝状态;由水泥全部加入水中至初凝状态的时间为水泥的初凝时间,用"min"表示。

(2)终凝时间:当试针沉入试体 0.5mm 时,即环形附件开始不能在试体上留下痕迹时,水泥达到终凝状态,由水泥全部加入水中至终凝状态的时间为水泥的终凝时间,用"min"表示。

3)安定性的测定

当两个试件煮后增加距离($C-A$)的平均值不大于 5.0mm 时,即认为该水泥安定性合格。

特别提示

1.凝结时间的测定

测定时应注意,在最初测定的操作时应轻轻扶持金属柱,使其徐徐下降,以防试针撞弯,但结果以自由下落为准;在整个测试过程中试针沉入的位置至少要距试模内壁 10mm。临近初凝时,每隔 5min 测定一次,临近终凝时每隔 15min 测定一次,到达初凝或终凝时应立即重复测定一次,当两次结论相同时才能定为到达初凝或终凝状态。每次测定不能让试针落入原针孔,每次测试完毕须将试针擦净并将试模放回湿气养护箱内,整个测试过程要防止试模受振。

2. 安定性的测定

当两个试件的(C-A)值相差超过4.0mm时，应用同一样品立即重做一次试验。再如此，则认为该水泥为安定性不合格。

引导问题5：如何对水泥的胶砂强度进行检测？

1. 检测工具准备

检查本次试验所需仪器设备是否齐全，见表3-4。

表3-4 水泥胶砂强度检测所需仪器

仪器设备	任务完成则画"√"
金属丝网	☐
搅拌机(图3.14)	☐
试模(图3.15)	☐
振实台(图3.16)	☐
抗折强度试验机(图3.17)	☐
抗压强度试验机(图3.18)	☐
抗压强度试验机用夹具	☐

图3.14 水泥胶砂搅拌机

图3.15 试模

图 3.16　振实台

(a) 电动抗折试验机

(b) 抗压抗折强度试验机

图 3.17　抗折强度试验机

图 3.18　抗压强度试验机

2. 试样制备

(1)胶砂的质量配合比应为1份水泥、3份标准砂和半份水(水灰比为0.5)。一锅胶砂成3条试体,每锅需要水泥_____、标准砂_____、水_____。

(2)配料。水泥、砂、水和试验用具的温度与试验室相同,称量用的天平精度为_____。当用自动滴管加 225mL 水时,滴管精度应达到_____。

(3)搅拌。每锅胶砂用搅拌机进行机械搅拌。先使搅拌机处于待工作状态,然后按以下的程序进行操作。

① 把水加入锅里,再加入水泥,把锅放在固定架上,上升至固定位置。

② 然后立即开动机器,低速搅拌_____后,在第2个_____开始的同时均匀地将砂子加入。当各级砂是分装时,从最粗粒级开始,依次将所需的每级砂量加完。把机器转至高速再拌_____,如图 3.19 所示。

图 3.19 水泥胶砂的搅拌

③ 停拌_____,在第1个_____内用一胶皮刮具将叶片和锅壁上的胶砂刮入锅中间。在高速下继续搅拌_____。各个搅拌阶段,时间误差应在_____以内。

(4)试件的制备。尺寸为_____的棱柱体。胶砂制备后立即进行成型。将空试模和模套固定在振实台上,用一个适当勺子直接从搅拌锅里将胶砂分两层装入试模,装第一层时,每个槽里约放_____胶砂,用大播料器垂直架在模套顶部沿每个模槽来回一次将料层播平,接着振实_____。再装入第二层胶砂,用小播料器播平,再振实_____。移走模套,从振实台上取下试模,用一金属直尺以近似_____的角度架在试模模顶的一端,然后沿试模长度方向以横向锯割动作慢慢向另一端移动,一次将超过试模部分的胶砂刮去,并用同一直尺以近乎水平的情况下将试体表面抹平。在试模上作标记或加字条标明试件编号和试件相对于振实台的位置,如图 3.20 所示。

图 3.20 水泥胶砂成型

（5）试件的养护

① 脱模前的处理和养护。去掉留在模子四周的胶砂。立即将做好标记的试模放入雾室或湿箱的水平架子上养护，湿空气应能与试模各边接触。养护时不应将试模放在其他试模上。一直养护到规定的脱模时间时取出脱模。脱模前，用防水墨汁或颜料笔对试体进行编号或做其他标记。2个龄期以上的试体，在编号时应将同一试模中的3条试体分在2个以上龄期内，如图3.21所示。

图3.21　水泥胶砂试样

② 脱模。脱模应非常小心。对于24h龄期的，应在破型试验前_____内脱模。对于_____以上龄期的，应在成型后_____之间脱模。

③ 水中养护。将做好标记的试件立即水平或竖直放在_____水中养护，水平放置时刮平面应朝上。试件放在不易腐烂的篦子上，并彼此间保持一定间距，以让水与试件的6个面接触。养护期间试件之间间隔或试体上表面的水深不得小于_____。每个养护池只养护同类型的水泥试件。最初用自来水装满养护池（或容器），随后随时加水保持适当的恒定水位，不允许在养护期间全部换水。除24h龄期或延迟至48h脱模的试体外，任何到龄期的试体应在试验（破型）前_____从水中取出。揩去试体表面沉积物，并用湿布覆盖至试验终止。

④ 强度试验试体的龄期。试体龄期是从水泥加水搅拌开始试验时算起。不同龄期强度试验在下列时间里进行。

　　　　　　　　24h±15min
　　　　　　　　48h±30min
　　　　　　　　72h±45min
　　　　　　　　7d±2h
　　　　　　　＞28d±8h

3. 检测步骤

1）总则

用抗折强度试验机以中心加荷法测定抗折强度。在折断后的棱柱体上进行抗压试验，受压面是试体成型时的两个侧面，面积为_____。当不需要抗折强度数值时，抗折强度试验可以省去。但抗压强度试验应在不使试件受有害应力情况下折断的两截棱柱体上进行。

2）抗折强度测定

将试体一个侧面放在试验机支撑圆柱上，试体长轴垂直于支撑圆柱，通过加荷圆柱以

(50±10)N/s 的速率均匀地将荷载垂直地加在棱柱体相对侧面上,直至折断。保持两个半截棱柱体处于潮湿状态直至抗压试验。

3)抗压强度测定

抗压强度试验通过抗压强度试验机,在半截棱柱体的侧面上进行。半截棱柱体中心与压力机压板受压中心差应在_____内,棱柱体露在压板外的部分约有_____。在整个加荷过程中以_____的速率均匀地加荷直至破坏,如图 3.22 所示。

图 3.22 水泥强度检测

4. 检测结果计算与评定

1)抗折强度

以一组 3 个棱柱体抗折结果的平均值作为试验结果。当 3 个强度值中有超出平均值 10% 的时,应剔除后再取平均值作为抗折强度试验结果。

抗折强度 R_f 以牛顿每平方毫米(MPa)表示,按式(3-1)进行计算

$$R_f = \frac{1.5F_f L}{b^3} \quad (3-1)$$

式中：F_f——折断时施加于棱柱体中部的荷载,N;

L——支撑圆柱之间的距离,mm;

b——棱柱体正方形截面的边长,mm。

2)抗压强度

以一组 3 个棱柱体上得到的 6 个抗压强度测定值的算术平均值为试验结果。如 6 个测定值中有一个超出平均值的 10%,就应剔除这个结果,而以剩下 5 个的平均数为结果。如果 5 个测定值中再有超过它们平均数 10% 的,则此组结果作废。

抗压强度 R_c 以牛顿每平方毫米(MPa)为单位,按式(3-2)进行计算

$$R_c = \frac{F_c}{A} \quad (3-2)$$

式中：F_c——破坏时的最大荷载,N;

A——受压部分面积,mm²(40mm×40mm=1600mm²)。

 特别提示

各试体的抗折强度记录精确至 0.1MPa,按式(3-1)计算平均值。计算精确至 0.1MPa。各个半棱柱体得到的单个抗压强度结果计算精确至 0.1MPa,按式(3-2)计算平均值,计算精确至 0.1MPa。

第4章

水泥混凝土材料性能检测

4.1　水泥混凝土材料性能检测任务介绍

混凝土是当代最主要的土木工程材料之一。它是由胶结材料、集料(也称为骨料)和水按一定比例配制,经搅拌振捣成型,在一定条件下养护而成的人造石材。混凝土具有原料丰富,价格低廉,生产工艺简单的特点,因而其使用量越来越大。同时混凝土还具有抗压强度高,耐久性好,强度等级范围宽等特点。这些特点使其使用范围十分广泛。本章的学习任务是针对具体的工程设计资料,完成混凝土原材料的进场验收和质量检测、混凝土拌合物和易性和混凝土强度检测,并对其结果进行评价,确定其能否用于工程中。

4.2　水泥混凝土材料性能检测学习目标

(1) 描述石子的级配、物理常数指标的定义、测定方法及工程意义。
(2) 能测定砂的粗细程度和级配。
(3) 按照检测规程,正确使用检测仪器、设备进行砂、石子及水泥混凝土各项技术指标的测定。
(4) 根据检测数据比对相关标准,对水泥混凝土进行分析判断。
(5) 正确填写检测报告。

4.3　水泥混凝土材料性能检测任务实施

工程描述:某建筑工程根据设计要求需拌制 C30 的水泥混凝土用于浇筑框架梁,该梁的截面尺寸为 400mm×300mm,钢筋净间距为 200mm。现工地上有砂、石大量,其中,石子的最大粒径为 40mm,采用 32.5R 普通硅酸盐水泥,饮用水。采用机械搅拌和振捣的方式施工。请根据标准规范检测原材料和水泥混凝土的质量,并进行水泥混凝土的配合比设计。

试分析:要完成上述任务,需完成哪些材料和相关技术指标的检测?

_____
_____
_____
_____

4.3.1　水泥混凝土用砂质量检测

1. 学习准备

(1) 细骨料是指粒径小于等于_____mm 的颗粒。按产源分为_____和_____两类。
(2) 为了降低成本,使混凝土达到较高的密实程度,选择细骨料时应尽可能选用_____骨料。

(3) 砂根据细度模数 M_x 分为_____砂、_____砂、_____砂。
(4) 配制混凝土时宜优先选用_____区砂。
(5) 细骨料颗粒级配及细度模数是通过_____检测方法来确定的。
(6) 填写完成下表。

项 目	指 标		
	Ⅰ类	Ⅱ类	Ⅲ类
含泥量(按质量计%)			
泥块含量(按质量计%)			

(7) 补充完成图 4.1 中砂筛分析用筛的尺寸。

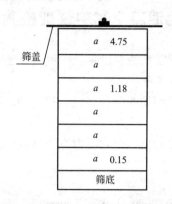

图 4.1 水泥混凝土用砂筛分析标准筛

2. 计划

根据《普通混凝土用砂、石质量及检验方法标准》(JGJ 52—2006) 和《建筑用砂》(GB/T 14684—2001) 对砂进行检测。

3. 实施

引导问题 1：如何进行砂的取样？

砂取样应按批进行。GB/T 14684—2001 规定：按同分类、规格、适用等级及日产量每 600t 为一批，不足 600t 亦为一批，日产量超过 2000t，按 1000t 为一批，不足 1000t 亦为一批。

(1) 在料堆上取样时，取样部位应均匀分布。取样前先将取样部位表面铲除，然后从不同部位抽取大致等量的砂 8 份，组成一组样品，如图 4.2 所示。

(2) 从皮带运输机上取样时，应用接料器在皮带运输机机尾的出料处定时抽取大致等量的砂 4 份，组成一组样品。

(3) 从火车、汽车、货船上取样时，从不同部位和深度抽取大致等量的砂 8 份，组成一组样品。

引导问题 2：如何进行砂的筛分析检测？

1) 检测工具准备

检查本次检测所需仪器设备是否齐全，见表 4-1。

图 4.2 砂的取样现场

表 4-1 砂的筛分析检测所需仪器

仪器设备	任务完成则画"√"
根据需要选用一套方孔筛(图 4.3)	□
天平：称量 1000g，感量 1g	□
鼓风烘箱：能使温度控制在(105±5)℃	□
摇筛机(图 4.4)	□
浅盘、硬软毛刷等	□

图 4.3 方孔筛

2) 试件制备

称取经缩分后的样品不少于_____g 两份，分别装入两个浅盘，在(105±5)℃的温度下烘干至恒质量，冷却至室温后备用。

3) 检测步骤

(1) 称取砂样_____g，置于按筛孔大小顺序排列的套筛的最上一只筛(即 4.75mm 筛)上，加盖，将整套筛安装在摇筛机上，摇 10min。

图 4.4　摇筛机

（2）取下套筛，按筛孔大小顺序在清洁的浅盘上逐个用手筛，筛至每分钟通过量不超过试样总量的_____%时为止。通过的颗粒并入下一号筛中，并和下一号筛中的试样一起进行手筛。按这样顺序依次进行，直至所有的筛子全部筛完为止，如图 4.5 所示。

图 4.5　砂的筛分

① 手筛时应根据浅盘的大小调整手筛的幅度。

② 判断筛分是否完全的方法为：用软毛刷把筛下物扫到一边，露出白色的浅盘，继续筛分，如果还有筛下物往下掉，说明没筛干净，应继续进行筛分；如果白色浅盘上基本没有筛下物，则说明已筛完全，可以进行下一个步骤。

（3）称出各筛的筛余量 m_i，精确至 1g。

① 将筛上剩余部分倒出称量时，用软毛刷把卡在筛孔中的颗粒尽量扫出来，注意不能用指甲或其他

硬物刮、划筛子，以免损坏。

② 注意不要忘记称底盘上砂的质量。

4）检测结果计算与评定

（1）计算分计筛余百分率 a_i：各号筛的筛余量与试样总量之比，计算精确至0.1%。

（2）计算累计筛余百分率 A_i：该号筛的筛余百分率加上该号筛以上各筛余百分率之和，精确至0.1%。

（3）根据各筛两次检测累计筛余百分率的平均值，精确至0.1%，评定颗粒级配。

（4）砂的细度模数 M_x 按下式计算，精确至0.01

$$M_x = \frac{(A_2+A_3+A_4+A_5+A_6)-5A_1}{100-A_1}$$

式中：　　M_x——细度模数；

A_1、A_2…A_6——分别为4.75、2.36、1.18、0.60、0.30、0.15mm筛的累计筛余百分率。

特别提示

（1）代入公式计算时，A_i 不带%。

（2）以两次检测结果的算术平均值作为测定值，精确至0.1；如两次检测的细度模数之差大于0.20时，须重新检测。

引导问题3：如何完成砂的表观密度检测？

1）检测工具准备

检查本次检测所需仪器设备是否齐全，见表4-2。

表4-2　砂的表现密度检测所需仪器

仪器设备	任务完成则画"√"
天平：称量1000g，感量1g	☐
鼓风烘箱：能使温度控制在(105±5)℃	☐
容量瓶：500mL(图4.6)	☐
干燥器、浅盘、滴管、毛刷、温度计等	☐

2）试件制备

经缩分后不少于_____g的样品装入浅盘，在温度为(105±5)℃的烘箱中烘干至恒量，并在干燥器内冷却至室温。

3）检测步骤

（1）称取上述试样_____g，装入盛有半瓶冷开水的容量瓶中。

（2）摇转容量瓶，使试样在水中充分摇动以排除气泡，塞紧瓶盖，静置24h；然后用滴管小心加水至与容量瓶颈刻度线500mL处平齐，塞紧瓶塞，擦干瓶外水分，称其质量 m_1，精确至1g，如图4.7所示。

图 4.6 容量瓶

图 4.7 砂表观密度测试

使用滴管加减水时,视线应与刻度线平行,不能仰视或俯视。

(3)将瓶内水和试样全部倒出,洗净容量瓶内外壁,再向瓶内加入冷开水至瓶颈刻度线处,水温与上次水温相差不超过 2℃。塞紧瓶塞,擦干瓶外水分,称其质量 m_2,精确至 1g。

4)检测结果计算与评定

砂的表观密度按下式计算,精确至 $10kg/m^3$

$$\rho_0 = \left(\frac{m_0}{m_0 + m_1 - m_2} - \alpha_t \right) \times 1000$$

式中:ρ_0——砂的表观密度,kg/m^3;

m_0——烘干试样的质量,g;

m_1——试样、水及容量瓶的总质量，g；

m_2——水及容量瓶的总质量，g；

a_t——水温对砂的表观密度影响的修正系数，见表4-3。

表4-3　不同水温对砂的表观密度影响的修正系数

水温/℃	15	16	17	18	19	20	21	22	23	24	25
a_t	0.002	0.003	0.003	0.004	0.004	0.005	0.005	0.006	0.006	0.007	0.008

特别提示

表观密度取两次检测结果的算术平均值，精确至$10kg/m^3$；如两次检测结果之差大于$20kg/m^3$，须重新检测。

引导问题4：如何完成砂的堆积密度检测？

1）检测工具准备

检查本次检测所需仪器设备是否齐全，见表4-4。

表4-4　砂的堆积密度检测所需仪器

仪器设备	任务完成则画"√"
称：称量5kg，感量5g	☐
容量筒：圆柱形，容积约为1L	☐
鼓风烘箱：能使温度控制在(105±5)℃	☐
标准漏斗（图4.8）	☐
方孔筛、浅盘、直尺等	☐

图4.8　标准漏斗

2）试件制备

先用_____ mm方孔筛过筛，然后取经缩分后不少于3L的样品，装入浅盘，置于温度为(105±5)℃的烘箱中烘干至恒量，待冷却至室温后，分成大致相等的两份备用。

特别提示

试样烘干后若有结块,应在试验前先予捏碎。

3)检测步骤

(1)称出容量筒的质量 m_1,精确至1g。

(2)取一份试样,用漏斗将它徐徐装入容量筒(漏斗出料口或料勺距容量筒筒口不应超过_____ mm)直至试样装满并超出容量筒筒口,如图4.9所示。

图4.9 砂的堆积密度测定1

(3)然后用直尺沿筒口中心线向两个相反的方向刮平,称出试样与容量筒的总质量 m_2,精确至1g,如图4.10所示。

图4.10 砂的堆积密度测定2

特别提示

① 在检测过程中,应防止触动容量筒或漏斗,以免影响检测结果。

② 试样装满容量筒后,小心移走漏斗,同时不能触碰容量筒。

③ 刮平时用直尺先从中间切下去,向左和向右轻轻刮平,最后用刷子刷掉容量筒外多余的砂,称取试样质量。

4）检测结果计算与评定

$$\rho = \frac{m_2 - m_1}{V} \times 1000$$

式中：ρ——砂的堆积密度，kg/m³；

m_1——容量筒的质量，kg；

m_2——试样与容量筒总质量，kg；

V——容量筒的容积，L。

引导问题5：如何完成砂的含泥量检测？

1）检测工具准备

检查本次检测所需仪器设备是否齐全，见表4-5。

表4-5 砂的含泥量检测所需仪器

仪器设备	任务完成则画"√"
天平：称量1000g，感量0.1g	☐
孔径为75μm及1.18mm的筛各一只	☐
鼓风烘箱：能使温度控制在(105±5)℃	☐
容器(保证检测试样不溅出)深度大于250mm	☐
浅盘、软毛刷等	☐

2）试件制备

样品缩分至1100g，置于温度为(105±5)℃的烘箱中烘干至恒重，冷却至室温后，称取_____g(m_0)的试样两份备用。

3）检测步骤

（1）取烘干的试样一份置于容器中，并注入饮用水，使水面高出砂面约_____mm，充分拌匀后，浸泡2h，然后用手在水中淘洗试样，使尘屑、淤泥和黏土与砂粒分离，并使之悬浮或溶于水中。缓缓地将浑浊液倒入1.18mm、75μm的套筛（1.18mm筛放置于上面）上，滤去小于75μm的颗粒。

特别提示

检测前筛子的两面应先用水浸润，在整个过程中应小心防止砂粒流失。

（2）再次向容器中加水，重复上述过程，直到筒内洗出的水清澈为止。

（3）用水淋洗剩留在筛上的细粒，并将75μm筛放在水中来回摇动，以充分洗除小于75μm的颗粒。然后将两只筛上剩留的颗粒和容器中已经洗净的试样一并装入浅盘，置于温度为(105±5)℃的烘箱中烘干至恒重。冷却至室温后，称试样的质量m_1，精确至0.1g。

特别提示

在水中摇动砂时，应使水面略高出筛中砂粒的上表面。

4) 检测结果计算与评定

砂中含泥量按下式计算，精确至 0.1%

$$w_c = \frac{m_0 - m_1}{m_0} \times 100\%$$

式中：w_c——砂中含泥量，%；

m_0——检测前的烘干试样质量，g；

m_1——检测后的烘干试样质量，g。

特别提示

以两个试样检测结果的算术平均值作为测定值，两次结果之差大于 0.5% 时，应重新取样进行检测。

引导问题 6：如何完成砂的泥块含量检测？

1) 检测工具准备

检查本次检测所需仪器设备是否齐全，见表 4-6。

表 4-6　砂的泥块含量检测所需仪器

仪器设备	任务完成则画"√"
天平：称量 1000g，感量 0.1g	□
方孔筛：孔径为 600μm 及 1.18mm 的筛各一只	□
鼓风烘箱：能使温度控制在 (105±5)℃	□
容器（保证检测试样不溅出）深度大于 250mm	□
浅盘、软毛刷等	□

2) 试件制备

将检测试样缩分至 5000g，置于温度为 (105±5)℃ 的烘箱中烘干至恒重，冷却至室温后，筛除小于 _____ mm 的颗粒，取筛上不少于 _____ g 的砂两份备用。

3) 检测步骤

(1) 称取试样约 _____ g(m_1) 置于容器中，并注入饮用水，使水面高出砂面约 150mm，充分拌匀后，浸泡 24h，然后用手在水中碾碎泥块，再将试样放在 _____ μm 的筛上，用水淘洗，直至水清澈为止。

(2) 保留下来的试样应小心从筛里取出，装入水平浅盘后，置于温度为 (105±5)℃ 的烘箱中烘干至恒重。冷却至室温后，称其质量 m_2，精确至 0.1g。

4) 检测结果计算与评定

砂中泥块含量按下式计算，精确至 0.1%

$$w_{c,L} = \frac{m_1 - m_2}{m_1} \times 100\%$$

式中：$w_{c,L}$——泥块含量，%；

m_1——检测前的干燥试样质量，g；

m_2——检测后的干燥试样质量，g。

以两个试样检测结果的算术平均值作为测定值。

4. 水泥混凝土用砂性能检测报告

水泥混凝土用砂性能的检测报告见表4-7。

表4-7 砂的性能检测报告

工程名称： 报告编号： 工程编号：

委托单位		委托编号		委托日期	
施工单位		样品编号		检测日期	
结构部位		出厂合格证编号		报告日期	
厂别		检测性质		代表数量	
发证单位		见证人		证书标号	

1. 砂的筛分析检测

	筛孔尺寸/mm	4.75	2.36	1.18	0.6	0.3	0.15	筛底	细度模数 M_x
第一次筛分	筛余量/g								
	分计筛余百分率 a_i/%								
	累计筛余百分率 A_i/%								
第二次筛分	筛余量/g								
	分计筛余百分率 a_i/%								
	累计筛余百分率 A_i/%								
细度模数 M_x 的平均值：									

绘制级配曲线图(标准图)

请将该砂级配曲线绘制在标准图中。

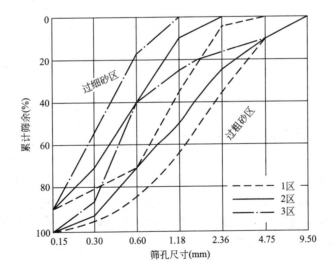

结论：该砂样属于_____砂；级配情况：_____。

2. 砂的表观密度检测

编号	烘干试样质量 m_0/g	试样+水+容量瓶质量 m_1/g	水+容量瓶质量 m_2/g	水温修正系数 a_t	表观密度 ρ_0 (kg/m³)	平均值 (kg/m³)
1						
2						

3. 砂的堆积密度检测

编号	容量筒质量 m_1/g	试样＋空量筒质量 m_2/g	容易筒体积 V/L	堆积密度 ρ (kg/m³)	平均值 (kg/m³)
1					
2					

4. 砂的含泥量检测

编号	试样原质量/g	洗净烘干质量/g	含泥量/%	平均值/%
1				
2				

结论：

5. 砂的泥块含量的检测

编号	试样原质量/g	洗净烘干质量/g	泥块含量/%	平均值/%
1				
2				

结论：

审批(签字)：_____ 审核(签字)：_____ 校核(签字)：_____ 检测(签字)：_____
　　　　　　　　　　　　　　　　　　　　　　　　　　　　　　　　　　检测单位(盖章)：_____
　　　　　　　　　　　　　　　　　　　　　　　　　　　　　　　　　　报告日期：　　年　　月　　日

注：本表一式 4 份(建设单位、施工单位、试验室、城建档案馆存档各一份)。

4.3.2 水泥混凝土用石子质量检测

1. 学习准备

（1）常有碎石和卵石两类。粗骨料是指粒径大于_____ mm 的颗粒。分为_____和_____两类。

（2）卵石与碎石相比，_____的表面光滑，拌制的混凝土流动性较大，但与水泥砂浆黏结力差，故强度较低；而_____表面粗糙，多棱角，在相同配合比的条件下，拌制的混凝土流动性较小，但其表面积大，与水泥的黏结强度较高，所配混凝土的强度较高。

（3）根据工程描述，该构件粗骨料最大粒径应为_____ mm。

2. 计划

根据《普通混凝土用砂、石质量及检验方法标准》（JGJ 52—2006)对粗骨料进行检测。

3. 实施

引导问题 1：如何进行石子的取样？

卵石和碎石取样应按批进行。GB/T 14684—2001 规定：按同品种、规格、适用等级及日产量每 600t 为一批，不足 600t 也为一批；日产量超过 2000t，按 1000t 为一批，不足 1000t 也为一批；日产量超过 5000t，按 2000t 为一批，不足 2000t 也为一批。

（1）在料堆上取样时，取样部位应均匀分布。取样前先将取样部位表面铲除，然后从不同部位抽取大致等量的石子 15 份（在料堆的顶部、中部和底部均匀分布的 15 个不同部位取得），组成一组样品，如图 4.11 所示。

图 4.11　石子取样现场

（2）从皮带运输机上取样时，应用接料器在皮带运输机机尾的出料处定时抽取大致等量的石子 8 份，组成一组样品。

（3）从火车、汽车、货船上取样时，从不同部位和深度抽取大致等量的石子 16 份，组成一组样品。

引导问题 2：如何进行石子的筛分析检测？

1）检测工具准备

检查本次检测所需仪器设备是否齐全，见表 4-8。

表 4-8　石子的筛分析检测所需仪器

仪器设备	任务完成则画"√"
根据需要选用一套方孔筛	□
天平和称：天平的称量 5kg，感量 5g；称的称量 20kg，感量 20g	□
鼓风烘箱：能使温度控制在(105±5)℃	□
浅盘、硬软毛刷等	□

2）试件制备

检测前，应将样品缩分至表 4-9 中所规定的试样最少质量，经烘干或风干后备用。

表 4-9　粗集料筛分检测取样规定

最大公称粒径/mm	10.0	16.0	20.0	25.0	31.5	40.0	63.0	80.0
最少试样质量/kg	2.0	3.2	4	5.0	6.3	8.0	12.6	16.0

3）检测步骤

（1）称取按表 4-9 规定数量的试样一份，记为 m(kg)。

（2）按检测材料的粒径选用所需的一套筛，并按孔径大小从上到下组合的套筛上。将试样按筛孔大小顺序过筛,当每只筛上的筛余层厚度大于试样的最大粒径值时,应将该筛上的筛余试样分成两份,再次进行筛分,直至各筛每分钟通过量不超过试样总量的0.1%为止。

(3) 称出各号筛的筛余量,精确至试样总量的0.1%。各筛的分计筛余量和筛底剩余量的总和与筛分前测定的试样总量相比,其相差不得超过1%。

4) 检测结果计算与评定

(1) 计算分计筛余百分率 a_i:各号筛的筛余量与试样总量之比,计算精确至0.1%。

(2) 计算累计筛余百分率 A_i:该号筛的筛余百分率加上该号筛以上各筛余百分率之和,精确至0.1%。

(3) 根据各筛两次检测累计筛余百分率的平均值,精确至0.1%,评定颗粒级配。根据各号筛的累计筛余百分率,评定该试样的颗粒级配。各粒级石子的累计筛余百分率必须满足表4-10的规定。

表4-10 碎石和卵石的颗粒级配的范围

累计筛余/% 筛孔/mm 公称粒径/mm		2.36	4.75	9.50	16.0	19.0	26.5	31.5	37.5	53.0	63.0	75.0	90.0
连续粒级	5~10	95~100	80~100	0~15	0								
	5~16	95~100	85~100	30~60	0~10	0							
	5~20	95~100	90~100	40~80		0~10	0						
	5~25	95~100	90~100		30~70		0~5	0					
	5~31.5	95~100	90~100	70~90		15~45		0~5	0				
	5~40		95~100	70~90		30~65			0~5	0			
单粒级	10~20		95~100	85~100		0~15	0						
	16~31.5	95~100		85~100				0~10	0				
	20~40		95~100		80~100			0~10	0				
	31.5~63					95~100		75~100	45~75		0~10	0	
	40~80					95~100			70~100		30~60	0~10	0

引导问题3：如何进行石子的表观密度检测？
1）检测工具准备
检查本次检测所需仪器设备是否齐全，见表4-11。

表4-11　石子的表现密度检测所需仪器

仪器设备	任务完成则画"√"
液体天平：称量5kg，感量5g(图4.12)	☐
吊篮	☐
盛水容器：有溢水孔	☐
烘箱：恒温(105±5)℃	☐
标准筛	☐
浅盘、温度计等	☐

图4.12　液体天平

2）试件制备

按缩分法将试样缩分至略大于两倍于表4-12所规定的最小数量，经烘干或风干后筛除小于4.75mm的颗粒，洗刷干净后分成两份备用。

表4-12　表观密度检测所需试样数量

最大公称粒径/mm	10.0	16.0	20.0	25.0	31.5	40.0	63.0	80.0
最少试样质量/kg	2.0	2.0	2.0	2.0	3.0	4.0	6.0	6.0

3）检测步骤

（1）取试样一份装入吊篮，并浸入盛有水的容器中，液面至少高出试样表面_____mm。

（2）浸水24h后，移放到称量用的盛水容器内，然后上下升降吊篮以排除气泡(试样不得露出水面)。吊篮每升降一次约1s，升降高度为30～50mm。

（3）测定水温后(吊篮应全浸在水中)，准确称出吊篮及试样在水中的质量m_2，精确至5g，称量盛水容器中水面的高度由容器的溢水孔控制。

(4) 提起吊篮，将试样倒入浅盘，置于烘箱中烘干至恒重，冷却至室温，称出其质量 m_0，精确至 5g。

(5) 称出吊篮在同样温度水中的质量 m_1，精确至 5g。称量时盛水容器内水面的高度由容器的溢水孔控制。

特别提示

检测时各项称量可以在 15~25℃ 范围内进行，但从试样加水静止后的 2h 起至检测结束，其温度变化不得超过 2℃。

4）检测结果计算与评定

$$\rho_0 = \left(\frac{m_0}{m_0 + m_1 - m_2} - \alpha_t \right) \times 1000$$

式中：ρ_0——石子的表观密度，kg/m³；

α_t——水温对石子表观密度影响的修正系数，见表 4-13；

m_0——烘干试样的质量，g；

m_1——吊篮在水中的质量，g；

m_2——吊篮及试样在水中的质量，g。

表 4-13 不同水温下碎石或卵石的表观密度影响的修正系数

水温/℃	15	16	17	18	19	20	21	22	23	24	25
α_t	0.002	0.003	0.003	0.004	0.004	0.005	0.005	0.006	0.006	0.007	0.008

特别提示

表观密度取两次检测结果的算术平均值作为测定值。如两次检测结果之差大于 20kg/m³ 时，须重新取样进行检测。对颗粒材质不均匀的试样，如两次检测结果之差大于 20kg/m³，可取 4 次检测结果的算术平均值作为测定值。

引导问题 4：如何进行石子的堆积密度检测？

1）检测工具准备

检查本次检测所需仪器设备是否齐全，见表 4-14。

表 4-14 石子的堆积密度检测所需仪器

仪器设备	任务完成则画"√"
磅秤：称量 100kg，感量 100g	☐
容量筒	☐
捣棒	☐
烘箱：恒温(105±5)℃	☐
平头铁锹、直尺等	☐

2) 试件制备

按表 4-15 规定取样，放入浅盘，在(105±5℃)的烘箱中烘干或风干后，拌匀分为大致相等的两份备用。

表 4-15 单项检测的最少取样数量　　　　单位：kg

检验项目 \ 骨料种类	砂	碎石或卵石 骨料最大粒径/mm						
		9.5	16.0	19.0	26.5	31.5	37.5	63.0	75.0
筛分析	4.4	8.0	15.0	16.0	20.0	25.0	32.0	50.0	64.0
表观密度	2.6	8.0	8.0	8.0	8.0	12.0	16.0	24.0	24.0
堆积密度	5.0	40.0	40.0	40.0	40.0	80.0	80.0	120.0	120.0
含泥量	4.4	8.0	8.0	24.0	24.0	40.0	40.0	80.0	80.0
泥块含量	20.0	8.0	8.0	24.0	24.0	40.0	40.0	80.0	80.0

3) 检测步骤

(1) 松散堆积密度的测定。取试样一份，置于平整干净的地板(或铁板)上，用平头铁锹铲起试样，从铁锹的齐口至容量筒上口的距离为 50mm 处，让试样自由落下，当容量筒上部试样呈锥体并向四周溢满时，停止加料。除去凸出容量筒表面的颗粒，以适当的颗粒填入凹陷处，使表面稍凸起部分和凹陷部分的体积大致相等。称出试样和容量筒的总质量 m_2。

 特别提示

检测过程中应防止触动容量筒。

(2) 紧密堆积密度的测定。取试样一份分三层装入容量筒。装完一层后，在桶底垫放一根垫棒，将桶按住并左右交替颠击地面_____次，再装入第二层，第二层装满后用同样方法颠实，然后再装入第三层，如法颠实。待三层试样装填完毕后，加料直至超过桶口，用钢筋沿筒口边缘滚转，用钢尺或直尺沿桶口边缘刮去高出的试样，并用适合的颗粒填平凹处，使表面凸起部分与凹陷部分的体积大致相等。称出试样和容量筒的总质量 m_2。

 特别提示

① 装第二、三层时，在颠实之前，应将筒底所垫钢筋的方向与上一层时的方向垂直。
② 容量筒应放于平整坚硬的地面。

(3) 称出容量筒的质量 m_1。

4) 检测结果计算与评定

石子的松散堆积密度(ρ_L)或紧密堆积密度(ρ_c)按下式计算，精确至 10kg/m³。

$$\rho_L(\rho_c) = \frac{m_2 - m_1}{V} \times 1000 m_1$$

式中：ρ_L——石子的松散堆积密度，kg/m^3；

ρ_c——石子的紧实堆积密度，kg/m^3；

ρ_c——试样与容量筒总质量，g；

m_1——容量筒的质量，g；

V——容量筒的容积，L。

以两次检测结果的算术平均值作为测定值。

4．水泥混凝土用碎(卵)石性能检测报告

水泥混凝土用碎(卵)石性能的检测报告见表4－16。

表4－16 碎(卵)石性能检测报告

工程名称： 报告编号： 工程编号：

委托单位		委托编号		委托日期	
施工单位		样品编号		检测日期	
结构部位		出厂合格证编号		报告日期	
厂别		检测性质		代表数量	
发证单位		见证人		证书标号	

1. 碎(卵)石的筛分析检测

筛孔尺寸/mm	筛余量/kg	分计筛余百分率 a_i/%	累计筛余百分率 A_i/%
90.0			
75.0			
63.0			
53.0			
37.5			
31.5			
26.5			
19.0			
16.0			
9.50			
4.75			
2.36			

结果评定：

该粗骨料的最大粒径 D_{max}：_____ mm；级配情况：_____。

2. 碎(卵)石的表观密度检测

编号	试样烘干质量 m_0/g	吊篮在水中的质量 m_1/g	吊篮和试样在水中的质量 m_2/g	表观密度温度修正系数 α_t	表观密度 ρ/(kg/m³)	平均值 $\bar{\rho}$/(kg/m³)
1						
2						

结论：

3. 碎(卵)石堆积密度的检测

编号	容量筒体积 V/L	容量筒质量 m_1/kg	试样和容量筒质量 m_2/%	堆积密度 ρ_L/(kg/m³)	平均值 $\bar{\rho}$/(kg/m³)
1					
2					

结论：

审批(签字)：_____ 审核(签字)：_____ 校核(签字)：_____ 检测(签字)：_____

检测单位(盖章)：_____

报告日期： 年 月 日

注：本表一式 4 份(建设单位、施工单位、试验室、城建档案馆存档各一份)。

4.3.3 混凝土拌合物性能检测

1. 学习准备

(1) 新拌混凝土的和易性包括_____、_____、_____3个方面。

(2) 拌合物的流动性大小用_____、_____和_____测定。

(3) 坍落度的单位为_____，维勃稠度的单位为_____。

(4) 混凝土拌合物流动性大小取决于_____、_____、_____3个方面。

(5) 水灰比是指混凝土拌合物中_____和_____的比值。

(6) 混凝土中_____的质量占_____质量的百分率称为砂率。

2. 计划

根据《普通混凝土拌合物性能试验方法标准》(GB/T 50080—2002)对混凝土拌合物进行检测。

根据前面的工程任务和原材料的检测进行混凝土配合比设计，完成以下内容。

(1) 各小组完成砂、石材料性能检测。

(2) 每位同学完成水泥混凝土初步配合比设计计算书。

(3) 根据初步配合比计算混凝土试拌数量，并在试验室内进行试拌，检测水泥混凝土拌合物的和易性及表观密度；若坍落度不符合设计要求，现场调整配合比，直至合格。得出基准配合比。

计算该工程水泥混凝土的初步配合比设计。

3. 实施

(1) 设计条件见表 4-17。

表4-17 设 计 条 件

混凝土使用部位		水	
混凝土设计强度等级		砂的类别	
振捣方式		砂的表观密度	
设计坍落度/mm		石子的类别	
水泥品种及强度等级		石子的最大粒径	
水泥实测强度		石子表观密度	

(2)初步配合比计算中每立方米混凝土中各材料的用量见表4-18。

表4-18 材 料 用 量

混凝土配置强度/MPa		砂用量/kg	
水灰比		石子用量/kg	
单位用水量/kg		初步配合比(质量比)	
水泥用量/kg		混凝土计算密度/(kg/m^3)	

引导问题1：如何进行混凝土的取样？

1)混凝土强度的取样

(1)混凝土强度试样应在混凝土的浇筑地点随机抽取，如图4.13所示。

图4.13 混凝土取样

(2)试件的取样频率和数量应符合下列规定。

① 每100盘，但不超过100m^{3}的同配合比的混凝土，取样次数不得少于一次。

② 每一工作班拌制的同配合比的混凝土，不足100盘和100m^{3}时其取样次数不得少于一次。

③ 当一次连续浇筑的同配合比混凝土超过1000m^{3}时，每200m^{3}取样不应少于一次。

④ 对房屋建筑，每一楼层、同一配合比的混凝土取样不应少于一次。

2)混凝土拌合物的取样

(1)同一组混凝土拌合物的取样应从同一盘混凝土或同一车混凝土中取出。取样量应多于试验所需量的 1.5 倍,且不宜小于 20L。

(2) 混凝土拌合物的取样应具有代表性,宜采用多次采样的方法。一般在同一盘混凝土或同一车混凝土中的约 1/4 处、1/2 处和 3/4 处之间分别取样,从第一次取样到最后一次取样不宜超过 15min,然后人工搅拌均匀。

(3) 从取样完毕到开始做混凝土拌合物(不包括成型试件)各项性能试验不宜超过 5min。

引导问题 2:如何进行混凝土拌合物和易性检测?

1) 检测工具准备

检查本次检测所需仪器设备是否齐全,见表 4-19。

表 4-19　混凝土拌合物和易性检测所需仪器

仪器设备	任务完成则画"√"
混凝土搅拌机(图 4.14)	☐
天平:称量 5kg,感量 5g	☐
磅秤:称量 50kg,感量 50g	☐
坍落度筒(图 4.15)	☐
鼓风烘箱:能使温度控制在(105±5)℃	☐
捣棒、直尺、拌铲、盛器、拌板等	☐

图 4.14　混凝土搅拌机

图 4.15　坍落度筒

2) 试件制备

(1) 按初步配合比及试拌数量，计算各材料的用量。

(2) 称取各材料用量。

(3) 将拌板、拌铲等工具润湿。

(4) 试拌混凝土。

① 人工拌合法。

a. 将拌板和拌铲用湿布润湿后，将砂平摊在拌板上，然后倒入水泥，用拌铲自拌和板一端翻拌至另一端，然后再翻拌回来，如此反复至颜色拌匀，再加入石子，继续翻拌至均匀为止。

b. 将干混合料堆成堆，在中间做一个凹槽，倒入已称量好的水（约一半），翻拌数次，并徐徐加入剩下的水，继续翻拌，每翻拌一次，用拌铲在混合料上铲切一次，直至拌合均匀为止，如图 4.16 所示。

图 4.16 混凝土人工拌合

c. 拌和时间应严格控制，拌和从加水时算起，应大致符合下列规定。

拌合物体积为 30L 以下时，4～5min。

拌合物体积为 31～50L 时，5～9min。

拌合物体积为 51～75L 时，9～12min。

② 机械拌合法。

a. 按所定配合比备料，以全干状态为准。

b. 预拌一次，拌前先对混凝土搅拌机挂浆，即用按配合比要求的水泥、砂、水及少量石子，在搅拌机中搅拌（涮膛），然后倒出多余砂浆。

c. 开动搅拌机，向搅拌机内依次加入石子、砂和水泥，先干拌均匀，再将水徐徐加入，全部加料时间不超过 2min，水全部加入后，继续拌合 2min。

d. 将拌合物从搅拌机中卸出，倾倒在拌板上，再经人工拌和 1～2min，即可做混凝土拌合物各项性能的检测。

特别提示

从试样制备完毕到开始做各项性能检测时间不宜超过 5min。

3）检测步骤

（1）湿润坍落度筒及底板。应放置在坚实水平面上，并把筒放在底板中心，然后用脚踩住两边的脚踏板，坍落度筒在装料时应保持固定的位置。

（2）把按要求取得的混凝土试样用小铲分三层均匀地装入筒内，使捣实后每层高度为筒高的 1/3 左右。每层用捣棒插捣_____次。插捣应沿螺旋方向由外向中心进行，各次插捣应在截面上均匀分布。插捣筒边混凝土时，捣棒可以稍稍倾斜。插捣底层时，捣棒应贯穿整个深度，插捣第二层和顶层时，捣棒应插透本层至下一层的表面。浇灌顶层时，混凝土应灌到高出筒口。插捣过程中，如混凝土沉落到低于筒口，则应随时添加。顶层插捣完后，刮去多余的混凝土，并用抹刀抹平。

（3）清除筒边底板上的混凝土后，垂直平稳地提起坍落度筒。坍落度筒的提离过程应在 5~10s 内完成；从开始装料到提坍落度筒的整个过程应不间断地进行，并应在 150s 内完成。

（4）提起坍落度筒后，测量筒高与坍落后混凝土试体最高点之间的高度差，即为该混凝土拌合物的坍落度值，以 mm 计，如图 4.17 所示。

图 4.17 混凝土坍落度测定

（5）用目测法评定混凝土拌合物的砂率、黏聚性和保水性。

 特别提示

坍落度筒提离后，如混凝土发生崩坍或一边剪坏现象，则应重新取样另行测定；如第二次检测仍出现上述现象，则表示该混凝土和易性不好，应予记录备查。

4）检测结果计算与评定。

（1）坍落度≤220mm 时，混凝土拌合物和易性的评定。

① 流动性：用坍落度值表示（单位：mm），测量精确至 1mm，结果表达修约至 5mm。

② 黏聚性：测定坍落度值后，用捣棒在已坍落的混凝土锥体侧面轻轻敲打，如锥体逐渐下沉，表示粘聚性良好；如锥体倒塌、部分崩裂或出现离析现象，则表示粘聚性不好。

③ 保水性：提起坍落度筒后如有较多的稀浆从锥体底部析出，锥体部分的拌合物也因失浆而骨料外露，则表明拌合物保水性不好；如无这种现象，则表明保水性良好。

(2) 当坍落度＞220mm时，混凝土拌合物和易性的评定。

① 流动性：用坍落度值表示(单位：mm)，测量精确至1mm，结果表达修约至5mm。

② 抗离析性：提起坍落度筒后，如果混凝土拌合物在扩展的过程中，始终保持其匀质性，不论是扩展的中心还是边缘，粗骨料的分布都是均匀的，也无浆体从边缘析出，表明混凝土拌合物抗离析性良好；如果发现粗骨料在中央集堆或边缘有水泥浆析出，表示此混凝土拌合物抗离析性不好。

引导问题3：如何进行混凝土拌合物表观密度的检测？

1) 检测工具准备

检查本次检测所需仪器设备是否齐全，见表4-20。

表4-20　混凝土拌合物表现密度的检测所需仪器

仪器设备	任务完成则画"√"
容量筒/5L	☐
磅秤：称量50kg，感量50g	☐
振动台(图4.18)	☐
捣棒	☐

图4.18　混凝土振动台

2) 试件准备

按混凝土配合比拌制好的混凝土拌合物。

3) 检测步骤

(1) 用湿布把容量筒内外擦干净，称出其重量m_1，精确至50g。

(2) 混凝土的装料及捣实方法应视拌和物的稠度而定。一般来说。坍落度不大于70mm的混凝土，用振动台振实为宜；坍落度大于70mm的用捣棒捣实为宜。

采用捣棒捣实时，应根据容量筒的大小决定分层与插捣次数：用5L容量筒时，混凝土拌合物应分两层装入，每层的插捣次数应为25次；用大于5L的容量筒时，每层混凝土的高度不应大于100mm，每层插捣次数应按每100cm^{2}截面不小于12次计算。各次插捣应由边缘向中心均匀地插捣，插捣底层时2捣棒应贯穿整个深度，插捣第二层时，捣棒应插透本层至下一层的表面；每一层捣完后用橡皮锤轻轻沿容器外壁敲打5~10次，进行振实，直至拌合物表面插捣孔消失并不见大气泡为止。

采用振动台振实时，应一次将混凝土拌合物灌到高出容量筒口。装料时可用捣棒稍加插捣，振动过程中如混凝土低于筒口，应随时添加混凝土，振动直至_____为止。

（3）用刮尺将筒口多余的混凝土拌合物刮去，表面如有凹陷应填平；将容量筒外壁擦净，称出混凝土试样与容量筒总质量 m_2，精确至50g。

4）结果确定与处理

混凝土拌和物的表观密度按下式计算，精确至 10kg/m^3

$$\rho_{(0,t)} = \frac{m_2 - m_1}{V_0} \times 1000$$

式中：$\rho_{(0,t)}$——混凝土的表观密度，kg/m^3；

m_1——容量筒的质量，kg；

m_2——容量筒和试样总质量，kg；

V——容量筒的容积，L。

4. 水泥混凝土拌合物性能检测报告

水泥混凝土拌合物性能的检测报告见表4-21。

表4-21 水泥混凝土拌合物性能检测报告

工程名称：　　　　　　　　报告编号：　　　　　　　　工程编号：

委托单位		委托编号		委托日期	
施工单位		样品编号		检测日期	
结构部位		出厂合格证编号		报告日期	
厂别		检测性质		代表数量	
发证单位		见证人		证书标号	

1. 水泥混凝土拌合物和易性检测

试拌时混凝土和易性的检测情况		调整后拌制混凝土和易性的检测情况	
试拌数量/m³		重拌数量/m³	
水泥用量/kg		水泥用量/kg	
砂用量/kg		砂用量/kg	
石子用量/kg		石子用量/kg	
计算用水量/kg		计算用水量/kg	
实测坍落度(或坍落度扩展度值)/mm		重测坍落度(或坍落度扩展度值)/mm	
和易性观察	砂率	和易性观察	砂率
	粘聚性		粘聚性
	保水性		保水性
备注	砂率按多、中、少评定；粘聚性和保水性按良好、不好评定		

2. 水泥混凝土拌合物表观密度的检测

检测次数	容量筒容积 V/L	容量筒质量 m_2/kg	容量筒和试样总质量 m_2/kg	混凝土拌合物表观密度 $\rho_{(0,t)}$/(kg/m³)	
				单值	平均值
1					
2					

结论：

审批(签字)：_____ 审核(签字)：_____ 校核(签字)：_____ 检测(签字)：_____

检测单位(盖章)：_____

报告日期：　　年　　月　　日

注：本表一式4份(建设单位、施工单位、试验室、城建档案馆存档各一份)。

根据检测结果，确定水泥混凝土的基准配合比如下。

水泥∶砂∶石子∶水＝_____。

4.3.4 水泥混凝土物理力学性能检测

1. 学习准备

(1) 混凝土强度检测试件标准尺寸为_____，在标准养护条件(温度为20±2℃，相对湿度95%以上)下养护_____天。

(2) 200mm×200mm×200mm 非标准试件的换算系数为_____。

(3) 混凝土强度检测时，是根据基准配合比采用_____组不同配合比成型试件。其中一组为基准配合比，另外两组分别是水灰比增加或减少_____。

2. 计划

根据《普通混凝土力学性能试验方法标准》(GB/T 50081—2002)对混凝土进行物理力学检测。

根据前面的工程任务和原材料的检测完成以下内容。

(1) 根据基准配合比进行强度复核，绘制水灰比和水泥混凝土强度关系曲线图。

(2) 确定试验配合比。

3. 实施

引导问题1：如何进行水泥混凝土立方体抗压强度的检测？

1) 检测工具准备

检查本次检测所需仪器设备是否齐全，见表4-22。

表 4-22　水泥混凝土立方体抗压强度的检测所需仪器

仪器设备	任务完成则画"√"
压力检测试验机(图 4.19)	☐
试模(图 4.20)	☐
振动台	☐
捣棒、金属直尺、抹刀等	☐

图 4.19　混凝土压力试验机

(a) 工程塑料试模
150mm×150mm×150mm

(b) 工程塑料试模100mm×100mm×100mm
三联外观无筋型

图 4.20　混凝土试模

2) 试件准备

(1) 试件制作。

① 制作试件前应检查试模尺寸，拧紧螺栓并清刷干净，在其内壁涂上一薄层矿物油脂或隔离剂。

② 坍落度大于 70mm 的混凝土拌和物采用捣棒人工捣实成型。将搅拌好的混凝土拌合物分两层装入试模，每层装料的厚度大约相同。插捣时用钢制捣棒按螺旋方向从边缘向

中心均匀进行。插捣底层时，捣棒应达到试模底面；插捣上层时，捣棒应贯穿下层深度约20～30mm。并用镘刀沿试模内侧插捣数次。每层的插捣次数应根据试件的截面而定，一般为每100cm² 截面积不应少于12次。插捣后应用橡皮锤轻轻敲击试模四周，直至插捣棒留下的空洞消失为止。

坍落度不大于70mm的混凝土拌合物采用振动台振实成型。将搅拌好的混凝土拌和物一次装入试模，装料时用抹刀沿试模内壁略加插捣并使混凝土拌合物高出试模口，然后将试模放到振动台上，振动时应防止试模在振动台上自由跳动，振动应持续到混凝土表面出浆为止，且应避免过振。

③ 刮除试模上口多余的混凝土，待混凝土临近初凝时，用抹刀抹平。

（2）试件养护。

① 试件成型后应立即用不透水的薄膜覆盖表面，以防止水分蒸发。

② 采用标准养护的试件，应在温度为(20±5)℃的环境中静置一昼夜至两昼夜，然后编号、拆模。拆模后的试件立即放在温度为(20±2)℃，相对湿度为95%以上的标准养护室中养护，或在温度为(20±2)℃的不流动的$Ca(OH)_2$饱和溶液中养护。标准养护室内的试件应放在支架上，彼此相隔10～20mm，试件表面应保持潮湿，并不得被水直接冲淋。

③ 同条件养护试件的拆模时间可与实际构件的拆模时间相同，拆模后，试件仍需保持同条件养护。

④ 标准养护龄期为28d（从搅拌加水开始计时）。

特别提示

普通混凝土立方体抗压强度检测所用立方体试件是以同一龄期者为一组，每组至少3个同时制作并共同养护的混凝土试件，如图4.21所示。

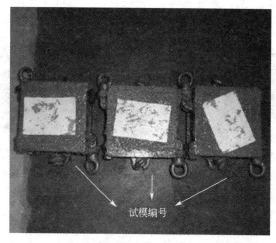

图4.21 混凝土试件

3）检测步骤

（1）试件从养护地点取出后，应尽快进行检测，以免试件内部的温湿度发生显著变化。将试件表面与上下承压板面擦干净。测量尺寸，并检查外观，试件尺寸测量精确到1mm，并据此计算试件的承压面积。

(2) 将试件安放在试验机的下压板或钢垫板上,试件的承压面应与成型时的顶面垂直。试件的中心应与试验机下压板中心对准。开动试验机,当上板与试件接近时,调整球座,使接触均衡。

(3) 在检测过程中应连续而均匀地加荷,混凝土强度等级<C30 时,其加荷速度为 0.3~0.5MPa/s;若混凝土强度等级≥C30 且<C60,取 0.5~0.8MPa/s;混凝土强度等级>C60 时,取 0.8~1.0MPa/s。当试件接近破坏而开始迅速变形时,停止调整试验机油门,直到试件破坏,并记录破坏荷载 $F(N)$,如图 4.22 所示。

图 4.22　混凝土抗压测定

4) 结果计算与处理

(1) 混凝土立方体抗压强度按下式计算,精确至 0.1MPa

$$f_{cc} = \frac{F}{A}$$

式中:f_{cc}——混凝土立方体试件的抗压强度值,MPa;
F——试件破坏荷载,N;
A——试件承压面积,mm^2。

(2) 以 3 个试件测值的算术平均值作为该组试件的抗压强度值(精确至 0.1MPa)。3 个测值中最大值或最小值中有一个与中间值的差值超过中间值的 15%时,则把最大值或最小值一并舍除,取中间值作为该组试件的抗压强度值。如最大值和最小值与中间值的差均超过中间值的 15%,则该组试件的检测结果作废。

(3) 强度换算。混凝土的抗压强度是以 150mm×150mm×150mm 的立方体试件的抗压强度作为标准,其他尺寸的试件测定结果均应换算成边长为 150mm 的立方体试件的标准抗压强度。换算时应分别乘以表 4-23 中所规定的系数。

表 4-23　强度换算系数

试件尺寸/mm	抗压强度换算系数
150×150×150	0.95
100×100×100	1.00
200×200×200	1.05

引导问题2：如何进行水泥混凝土抗折强度的检测？

1) 检测工具准备

检查本次检测所需仪器设备是否齐全，见表4-24。

表4-24 水泥混凝土抗折强度检测所需仪器

仪器设备	任务完成则画"√"
抗折试验机	□

2) 试件准备

当混凝土强度等级≥C60时，宜采用150mm×150mm×600（或者550）mm的棱柱体标准试件。

当采用100mm×100mm×400mm非标准试件时，应乘以尺寸换算系数0.85。

3) 检测步骤

(1) 试件从养护地取出后应及时进行检测，将试件表面擦干净。测量尺寸，并检查外观。试件尺寸测量精确至1mm，并据此进行强度计算。

(2) 按如图4.23所示的装置试件，安装尺寸偏差不得大于1mm。试件的承压面应为试件成型时的侧面。支座及承压面与圆柱的接触面应平稳、均匀，否则应垫平。

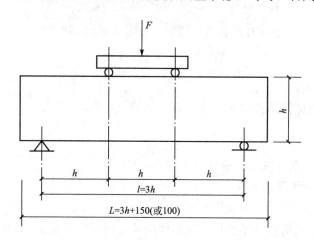

图4.23 抗折检测示意图

(3) 施加荷载应保持均匀、连续。当混凝土强度等级＜C30时，加荷速度取每秒0.02~0.05MPa；当混凝土强度等级≥C30且＜C60时，取每秒钟0.05~0.08MPa；当混凝土强度等级＞C60时，取每秒钟0.08~0.10MPa。至试件接近破坏时，应停止调整试验机油门，直至试件破坏，然后记录破坏荷载$F(N)$。

(4) 记录试件破坏荷载的试验机示值及试件下边缘断裂位置。

4) 结果计算与处理

(1) 若试件下边缘断裂位置处于2个集中荷载作用线之间，则试件的抗折强度按下式计算，精确至0.1MPa

$$f_f = \frac{Fl}{bh^2}$$

式中：f_f——混凝土抗折强度，MPa；

F——检测试件破坏荷载，N；
l——支座间跨度，mm；
h——检测试件截面高度，mm；
b——检测试件截面宽度，mm。

特别提示

3个试件中若有一个折断面位于两个集中荷载之外，则混凝土抗折强度值按另两个试件的检测结果计算。若这两个测值的差值不大于这两个测值的较小值的15%时，则该组试件的抗折强度值按这两个测值的平均值计算，否则该组试件的检测无效；若有两个试件的下边缘断裂位置位于两个集中荷载作用线之外，则该组试件检测无效。

(2) 当试件尺寸为100mm×100mm×400mm非标准试件时，应乘以尺寸换算系数0.85；当混凝土强度等级＞C60时，宜采用标准试件；使用非标准试件时，尺寸换算系数应由检测确定。

引导问题3：如何进行水泥混凝土劈裂抗拉强度的检测？

1) 检测工具准备

检查本次检测所需仪器设备是否齐全，见表4-25。

表4-25 水泥混凝土劈裂抗拉强度的检测所需仪器

仪器设备	任务完成则画"√"
压力试验机	□
试模	□
垫块	□
垫条	□
支架	□

2) 试件准备

采用150mm×150mm×150mm的立方体标准试件，其最大集料粒径应不超过40mm。采用边长为100mm和200mm的立方体非标准试件。

在特殊情况下，可采用Φ150mm×300mm的圆柱体标准检测试件或Φ100mm×200mm和Φ200mm×400mm的圆柱体非标准检测试件。

3) 检测步骤

(1) 试件从养护地点取出后应及时进行检测，将试件表面与上下承压板面擦干净。在试件上画线定出劈裂面的位置，劈裂面应与试件的成型面垂直。测量劈裂面的边长(精确至1mm)，计算出劈裂面面积A(mm^2)。

(2) 将试件放在试验机下压板的中心位置，劈裂承压面和劈裂面应与试件成型时的顶面垂直；在上、下压板与试件之间垫以圆弧形垫块及垫条各一条，垫块与垫条应与试件上、下面的中心线对准并与成型时的顶面垂直。宜把垫条及试件安装在定位架上使用，如图4.24所示。

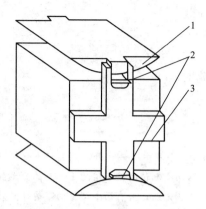

图 4.24 混凝土劈裂抗拉支架
1—垫块；2—垫条；3—支架

（3）开动试验机，当上压板与圆弧形垫块接近时，调整球座，使接触均衡。加荷应连续均匀，当混凝土强度等级＜C30时，加荷速度取每秒0.02～0.05MPa；当混凝土强度等级≥C30且＜C60时，取每秒钟0.05～0.08MPa；当混凝土强度等级＞C60时，取每秒钟0.08～0.10MPa。至试件接近破坏时，应停止调整试验机油门，直至试件破坏，然后记录破坏荷载 $F(N)$。

4）检测结果与处理

（1）混凝土劈裂抗拉强度应按下式计算，精确至0.01MPa

$$f_{ts}=\frac{2F}{\pi A}=0.637\frac{F}{A}$$

式中：f_{ts}——混凝土劈裂抗拉强度，MPa；
　　　F——检测试件破坏荷载，N；
　　　A——检测试件劈裂面面积，mm^2。

特别提示

3个试件测值的算术平均值作为该组试件的强度值（精确至0.01MPa）；3个测值中的最大值或最小值中如有一个与中间值的差值超过中间值的15%时，则把最大值及最小值一并舍除，取中间值作为该组试件的抗压强度值；如最大值与最小值与中间值的差值均超过中间值的15%，则该组试件的检测结果无效。

（2）混凝土劈裂抗拉强度以150mm×150mm×150mm立方体试件的劈裂抗拉强度为标准值。采用100mm×100mm×100mm非标准试件测得的劈裂抗拉强度值，应乘以尺寸换算系数0.85；当混凝土强度等级≥C60时，宜采用标准试件；使用非标准试件时，尺寸换算系数应由检测确定。

第5章

建筑砂浆的检测

5.1 建筑砂浆的检测任务介绍

建筑砂浆是由胶凝材料、细骨料、水以及根据性能确定的其他组分,按适当比例配合、拌制并经硬化而成的建筑工程材料。主要有普通砂浆和特种砂浆两种。建筑砂浆在建筑工程中,是一项用量大、用途广泛的建筑材料。本章的学习任务是针对具体的工程设计资料,完成建筑砂浆的稠度、分层度和立方体抗压强度的试验检测,并对其结果进行评价,确定其能否用于工程中。

5.2 建筑砂浆的检测学习目标

(1)描述普通砂浆的种类及各自适用范围。
(2)描述特种砂浆的种类及各自适用范围。
(3)按照试验规程,正确使用试验仪器、设备进行砂浆的稠度、分层度和立方体抗压强度三项技术指标的测定。
(4)根据试验检测数据比对相关标准,对砂浆进行分析判断。
(5)正确填写试验检测报告。

5.3 建筑砂浆的检测任务实施

工程描述:重庆科创职业学院建筑工程系实训中心——施工技术综合实训室,新拌M10砌筑砂浆用于样板间砌筑,如图5.1所示。请根据相关标准和规范进行验收和检测。

(a)新拌M10砌筑砂浆　　　　　　　　(b)待砌样板间

图 5.1　新拌 M10 砌筑砂浆和待砌样板间

5.3.1 建筑砂浆的检测学习准备

(1)普通砂浆主要包括_____、_____。主要用于承重墙、非承重墙中各种混凝土砖、粉煤灰砖和黏土砖的砌筑和抹灰。
(2)特种砂浆包括_____、_____、_____、_____等,其用途也多种多样,广泛用于建筑外墙保温、室内装饰修补等。

(3) 砂浆有哪些种类？各自的适用范围是什么？

名称	适用范围

5.3.2 建筑砂浆的检测计划

根据《建筑砂浆基本性能试验方法标准》(JGJ/T 70—2009)检测稠度、分层度和立方体抗压强度。

5.3.3 建筑砂浆的检测实施

引导问题1：如何对砂浆进行取样？

1. 样品数量

(1) 立方体抗压强度试验。一组试件，一组为6块。试块尺寸为70.7mm×70.7mm×70.7mm。

(2) 稠度、密度、分层度、保水性、凝结时间等试验。取样量应不少于试验所需量的4倍。

2. 取样方法

建筑砂浆试验用料应从同一盘砂浆或同一车砂浆中取样。至少从3个不同部位取样。现场取来的试样，试验前应人工搅拌均匀。

3. 试样的制备

(1) 在试验室制备砂浆拌合物时，所用材料应提前24h运入室内。拌合时试验室的温度应保持在(20±5)℃。需要模拟施工条件下所用的砂浆时，所用原材料的温度应与施工现场保持一致。

(2) 试验所用原材料应与现场使用材料一致。砂应通过公称粒径5mm的筛。

(3) 试验室拌制砂浆时，材料用量应以质量计。称量精度：水泥、外加剂、掺合料等为±0.5%，砂为±1%。

(4) 在试验室搅拌砂浆时应采用机械搅拌，搅拌的用量宜为搅拌机容量的30%~70%，搅拌时间不应少于120s。掺有掺合料和外加剂的砂浆，其搅拌时间不应少于180s。

引导问题2：如何对砂浆的稠度进行检测？

1. 检测工具准备

检查本次试验所需仪器设备是否齐全，见表5-1。

表 5-1 砂浆的稠度检测所需仪器

仪器设备	任务完成则画"√"
砂浆稠度仪(图 5.2)	□
钢制捣棒	□
秒表(图 5.3)	□

图 5.2 稠度仪

图 5.3 秒表

2. 试样制备

取样数量为_____。

3. 检测步骤

(1)用少量润滑油轻擦滑杆,再将滑杆上多余的油用吸油纸擦净,使滑杆能自由滑动。

（2）用湿布擦净盛浆容器和试锥表面，将砂浆拌合物一次装入容器，使砂浆表面低于容器口约_____左右。用捣棒自容器中心向边缘均匀地插捣_____次，然后轻轻地将容器摇动或敲击_____下，使砂浆表面平整，然后将容器置于稠度测定仪的底座上。

（3）拧松制动螺丝，向下移动滑杆，当试锥尖端与砂浆表面刚接触时，拧紧制动螺丝，使齿条侧杆下端刚接触滑杆上端，读出刻度盘上的读数_____。

（4）拧松制动螺丝，同时计时间，_____时立即拧紧螺丝，使齿条测杆下端接触滑杆上端，从刻度盘上读出下沉深度_____。

4. 检测结果计算与评定

两次读数的差值即为砂浆的稠度值，取两次试验结果的算术平均值，精确至1mm。

特别提示

如两次试验值之差大于10mm，应重新取样测定。盛装容器内的砂浆，只允许测定一次稠度，重复测定时，应重新取样测定。

引导问题3：如何对砂浆的分层度进行检测？

1. 检测工具准备

检查本次试验所需仪器设备是否齐全，见表5-2。

表5-2 砂浆的分层度检测所需仪器

仪器设备	任务完成则画"√"
砂浆分层度筒（图5.4）	☐
振动台	☐
稠度仪	☐

图5.4 分层度筒

2. 试样制备

取样数量为_____。

3. 检测步骤

（1）首先测定砂浆拌合物的稠度。

（2）将砂浆拌合物一次装入分层度筒内，待装满后，用木槌在容器周围距离大致相等的4个不同部位轻轻敲击_____下，如砂浆沉落到低于筒口，则应随时添加，然后刮去多余的砂浆并用抹刀抹平。

（3）静置_____后，去掉上节_____砂浆，剩余的_____砂浆倒出放在拌合锅内拌_____，再进行一次稠度测试。

4. 检测结果计算与评定

前后测得的稠度之差即为该砂浆的分层度值（mm）。取两次试验结果的算术平均值作为该砂浆的分层度值。

特别提示

两次分层度试验值之差如大于10mm，应重新取样测定。

引导问题4：如何对砂浆的立方体抗压强度进行检测？

1. 检测工具准备

检查本次试验所需仪器设备是否齐全，见表5-3。

表5-3 砂浆的立方体抗压强度检测所需仪器

仪器设备	任务完成则画"√"
试模（图5.5）	☐
钢制捣棒	☐
压力试验机	☐
垫板	☐
振动台（图5.6）	☐

图5.5 试模

图 5.6 振动台

2. 试样制备

(1) 采用立方体试件，每组试件_____个。应用黄油等密封材料涂抹试模的外接缝，试模内涂刷薄层机油或脱模剂，将拌制好的砂浆一次性装满砂浆试模，成型方法根据稠度而定。当稠度_____时采用人工振捣成型，当稠度_____时采用振动台振实成型。

(2) 待表面水分稍干后，将高出试模部分的砂浆沿试模顶面刮去并抹平。

(3) 试件制作后应在室温为_____的环境下静置_____h，当气温较低时，可适当延长时间，但不应超过两昼夜，然后对试件进行编号、拆模。试件拆模后应立即放入温度为(20±2)℃，相对湿度为_____以上的标准养护室中养护。养护期间，试件彼此间隔不小于_____，混合砂浆试件上面应覆盖以防有水滴在试件上。

3. 检测步骤

(1) 试件从养护地点取出后应及时进行试验。试验前将试件表面擦拭干净，测量尺寸，并检查其外观。并据此计算试件的承压面积，如实测尺寸与公称尺寸之差不超过_____，可按公称尺寸进行计算。

(2) 将试件安放在试验机的下压板(或下垫板)上，试件的承压面应与成型时的顶面垂直，试件中心应与试验机下压板(或下垫板)中心对准。开动试验机，当上压板与试件(或上垫板)接近时，调整球座，使接触面均衡受压。承压试验应连续而均匀地加荷，加荷速度应为每秒钟_____(砂浆强度不大于5MPa时，宜取下限，砂浆强度大于5MPa时，宜取上限)，当试件接近破坏而开始迅速变形时，停止调整试验机油门，直至试件破坏，然后记录破坏荷载。

4. 检测结果计算与评定

砂浆立方体抗压强度应按下式计算

$$f_{m,cu}=\frac{N_u}{A}$$

式中：$f_{m,cu}$——砂浆立方体试件抗压强度，MPa；

N_u——试件破坏荷载，N；

A——试件承压面积，mm^2。

(1) 砂浆立方体试件抗压强度应精确至 0.1MPa。

(2) 以 3 个试件测值的算术平均值的 1.3 倍(f_2)作为该组试件的砂浆立方体试件抗压强度平均值(精确至 0.1MPa)。

特别提示

当 3 个测值的最大值或最小值中有一个与中间值的差值超过中间值的 15% 时,则把最大值及最小值一并舍除,取中间值作为该组试件的抗压强度值;如有两个测值与中间值的差值均超过中间值的 15% 时,则该组试件的试验结果无效。

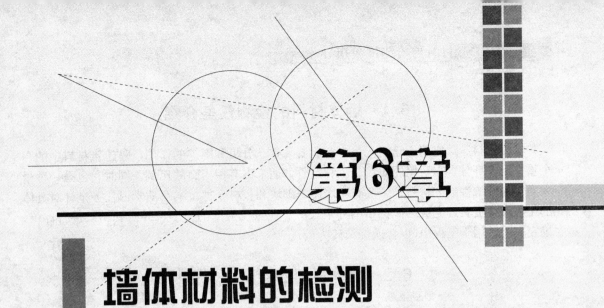

第6章

墙体材料的检测

6.1 墙体材料的检测任务介绍

墙体材料广泛应用于建筑工程中，起着承重、分隔和围护的作用，是建筑材料中的一个重要组成部分，在房屋的质量、工程造价方面都占有相当高的比例，同时它也是一种量大面广的传统性地方材料。主要有砌墙砖、砌块和板材 3 种。本章的学习任务是针对具体的工程设计资料，完成墙体材料的外观尺寸、质量及强度的检测，并对其结果进行评价，确定其能否用于工程中(以普通烧结砖为例)。

6.2 墙体材料的检测学习目标

（1）描述常用墙体材料的种类及各自适用范围。
（2）能用目测法鉴别过火砖和欠火砖。
（3）描述砌墙砖常见种类和技术指标。
（4）按照检测规程，正确使用检测仪器、设备进行普通烧结砖的各项技术指标的测定。
（5）根据检测数据比对相关标准，对普通烧结砖进行分析判断。
（6）正确填写检测报告。

6.3 墙体材料的检测任务实施

工程描述：某建筑工地根据施工需要采购了一批普通烧结砖用于砌筑墙体，如图 6.1 所示。请根据相关标准和规范进行验收和检测。

图 6.1 砌墙砖

6.3.1 墙体材料的检测学习准备

（1）普通烧结砖的标准尺寸是_____ mm×_____ mm×_____ mm。

(2) 烧结砖有哪些种类？各自的适用范围是什么？

名称	适用条件

(3) 如何鉴定过火砖与欠火砖？

6.3.2 墙体材料的检测计划

根据《砌墙砖试验方法》(GB/T 2542—2003)选择合适的试验方法对墙体进行检测。

6.3.3 墙体材料的检测实施

引导问题1：如何对砖进行取样？

1. 取样数量

砌墙砖应以同一产地、同一规格组批，具体规定见表6-1。

表6-1 砌墙砖组批原则与取样规定

材料名称	组批原则	取样规定
烧结普通砖	每1.5万块为一验收批，不足15万块也按一批计	每一验收批随机抽取试样一组(10块)
烧结多孔砖	每3.5万块~15万块为一验收批，不足3.5万块也按一批计	
烧结空心砖(非承重)空心砌块	每3万块为一验收批，不足3万块也按一批计	每一验收批随机抽取试样一组(5块)
非烧结普通砖	每5万块为一验收批，不足5万块也按一批计	每一验收批随机抽取试样一组(10块)
粉煤灰砖	每10万块为一验收批，不足10万块也按一批计	每一验收批随机抽取试样一组(20块)
蒸压灰砂砖		每一验收批随机抽取试样一组(10块)
蒸压灰砂空心砖		从外观合格的砖样中，用随机抽取法抽取2组10块(NF砖为2组20块)进行抗压强度试验和抗冻性试验

注：NF为规格代号，尺寸为240mm×115mm×53mm。

2. 取样方法

（1）按预先确定好的抽样方案在成品堆垛中随机抽取。

（2）试件的外观质量必须符合成品的外观指标。

（3）若对试验结果有怀疑，可加倍抽取试样进行复试。

引导问题 2：如何对砖进行外观质量检测？

1. 检测工具准备

检查本次检测所需仪器设备是否齐全，见表 6-2。

表 6-2 砖外观质量检测所需仪器

仪器设备	任务完成则画"√"
材料试验机	□
抗折夹具	□
砖用卡尺：分度值 0.5mm（图 6.2）	□
钢直尺：分度值 1mm	□

图 6.2　砖用卡尺

2. 试件制备

检验样品数为 20 块，按 GB/T 2542—2003 规定的检验方法进行，如图 6.3 所示。其中每一尺寸测量不足 0.5 mm 时按 0.5 mm 计，每一方向尺寸以两个测量值的算术平均值表示。

图 6.3　标准砖

3. 检测步骤

1) 色差检验

抽试样后,把装饰面朝上随机分两排并列,在自然光下距离砖样 2m 处目测。

2) 缺损

缺棱掉角在砖上造成的破损程度,以破损部分对长、宽、高 3 个棱边的投影尺寸来度量,称为破坏尺寸,如图 6.4 所示。缺损造成的破坏面,系指缺损部分对条、顶面(空心砖为条、大面)的投影面积,如图 6.5 所示。空心砖内壁残缺及肋残缺尺寸,以长度方向的投影尺寸来度量。

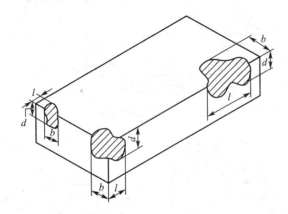

图 6.4　缺棱掉角砖的破坏尺寸量法(单位:mm)

l—长度方向的投影量;b—宽度方向的投影量;d—高度方向的投影量

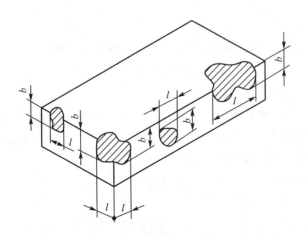

图 6.5　缺损在条、顶面上造成破坏的尺寸量法

l—长度方向的投影量;b—宽度方向的投影量;d—高度方向的投影量

3) 裂纹

裂纹分为长度方向、宽度方向和水平方向 3 种,以被检测方向上的投影长度表示。如果裂纹从一个面延伸到其他面上时,则累计其延伸的投影长度,如图 6.6 所示。多孔砖的孔洞与裂纹相通时,则将孔洞包括在裂纹内一并检测,如图 6.7 所示。裂纹长度以在 3 个方向上分别测得的最长裂纹作为检测结果。

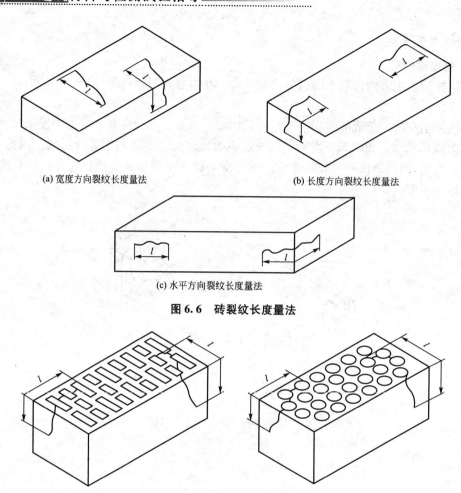

(a) 宽度方向裂纹长度量法　　(b) 长度方向裂纹长度量法

(c) 水平方向裂纹长度量法

图 6.6　砖裂纹长度量法

图 6.7　多孔砖裂纹通过孔洞时的尺寸量法
l—裂纹总长度

4) 弯曲

弯曲分别在大面和条面上检测，检测时将砖用卡尺的两只脚沿棱边两端放置，择其弯曲最大处将垂直尺推至砖面，如图 6.8 所示。但不应将因杂质或碰伤造成的凹陷计算在内，以弯曲检测中测得的较大者作为检测结果。

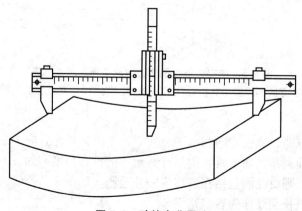

图 6.8　砖的弯曲量法

5）砖杂质凸出高度量法

杂质在砖面上造成的凸出高度，以杂质距砖面的最大距离表示。

检测时将砖用卡尺的两只脚置于杂质凸出部位两边的砖平面上，以垂直尺检测，如图 6.9 所示。

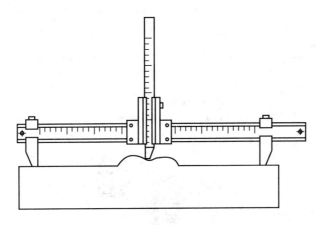

图 6.9　砖的杂质凸出高度量法

6）尺寸偏差

长度应在砖的两个大面的中间处分别测量两个尺寸，宽度应在砖的两个大面的中间处分别测量两个尺寸，高度应在两个条面的中间处分别测量两个尺寸，如图 6.10 所示。当被测处有缺损或凸出时，可在其旁边测量，但应选择不利的一侧，精确至 0.5mm。

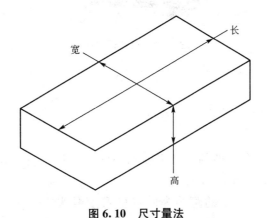

图 6.10　尺寸量法

检测结果：

每一方向尺寸以两个测量值的算术平均值表示。

样本平均偏差是 20 块试样同一方向 40 个测量尺寸的算术平均值减去其公称尺寸的差值。样本极差是抽检的 20 块试样中同一方向 40 个测量尺寸中最大测量值与最小测量值的差值。

引导问题 3：如何对砖的抗折强度进行检测？

1. 检测工具准备

检查本次检测所需仪器设备是否齐全，见表 6-3。

表6-3 砖的抗折强度检测所需仪器

仪器设备	任务完成则画"√"
材料试验机(图6.11)	☐
抗折夹具	☐
砖用卡尺：分度值0.5mm	☐
钢直尺：分度值1mm	☐

图6.11 材料试验机

2. 试件制备

试件取样数量为_____。

3. 检测步骤

(1) 尺寸偏差检测：在试件的两个大面的中间处测量砖长度和宽度尺寸各_____个，分别取其_____值，精确至1mm。

(2) 调整抗折夹具下支辊的跨距为砖规格长度减去_____mm。但规格长度为190mm的砖样其跨距为160mm。

(3) 将检测试样大面平放在下支辊上，试样两端面与下支辊的距离应相同。当试样有裂纹或凹陷时，应使有裂纹或凹陷的大面朝下放置，以50~150N/s的速度均应加荷，直至试样断裂，记录最大破坏荷载F。

4. 检测结果计算与评定

每块试样的抗折强度 R_c 按式(6-1)计算，精确至0.01MPa

$$R_c = \frac{3FL}{2BH^2} \tag{6-1}$$

式中：R_c——砖样试块的抗折强度，MPa；

F——最大破坏荷载，N；
L——跨距，mm；
H——试样高度，mm；
B——试样宽度，mm。

特别提示

检测结果以试样抗折强度的算术平均值和单块最小值表示。

引导问题4：砖的抗压强度应如何进行检测？

1. 检测工具准备

检查本次检测所需仪器设备是否齐全，见表6-4。

表6-4 砖的抗压强度检测所需仪器

仪器设备	任务完成则画"√"
材料试验机	□
抗折夹具	□
砖用卡尺：分度值0.5mm	□
钢直尺：分度值1mm	□

2. 试件制备

(1) 将试样切断或锯成两个半截砖，断开后的半截砖长不得小于_____ mm。

(2) 在试样制备平台上将已断开的半截砖放入室温的净水中浸10~20min后取出，并以断口相反方向叠放，两者中间抹以厚度不超过_____ mm的水泥净浆黏结，上下两面用厚度不超过_____ mm的同种水泥浆抹平。

特别提示

水泥浆用42.5的普通硅酸盐水泥调制，稠度要适宜。制成的试件上、下两面需相互平行，并垂直于侧面。

(3) 试件养护。抹面试件置于不低于10℃的不通风室内养护3d。

3. 检测步骤

(1) 测量每个试件连接面或受压面的长、宽尺寸各_____个，分别取其_____值，精确至1mm。

(2) 将试件平放在加压板的中央，垂直于受压面加荷，加荷过程应均匀平稳，不得发生冲击或振动，加荷速度以2~6kN/s为宜。直至试件破坏为止，记录最大破坏荷载F。

4. 检测结果计算与评定

每块试样的抗压强度R_p按式(6-2)计算(精确至0.1MPa)

$$R_p = \frac{F}{LB} \qquad (6-2)$$

式中：R_p——砖样试件的抗压强度，MPa；

　　　F——最大破坏荷载，N；

　　　L——试件受压面(连接面)的长度，mm；

　　　B——试件受压面(连接面)的宽度，mm。

特别提示

检测结果以试样抗压强度的算术平均值和单块最小值表示，精确至0.1MPa。

第7章 建筑钢材性能检测

7.1 建筑钢材性能检测任务介绍

建筑钢材是指用于钢结构的各种型钢(如角钢、工字钢、槽钢、钢管等)、钢板和用于钢筋混凝土结构中的各种钢筋、钢丝和钢绞线等。

钢材是在严格的技术控制下生产的材料,具有品质均匀、性能可靠、强度高、塑性和韧性好、可以承受冲击和振动荷载,能够切割、焊接、铆接,便于装配等优点。因此,被广泛用于工业与民用建筑中,是主要的建筑结构材料之一。

本章的学习任务是根据工程设计需求,完成建筑钢材的进场验收和质量检测,并对其结果进行评价,确定其能否用于工程中。

7.2 建筑钢材性能检测学习目标

(1)能根据钢材不同的性能特点合理选用结构钢或钢筋混凝土用钢筋的品种。
(2)能识别钢结构用钢和钢筋混凝土用钢的牌号,确定钢材的性能。
(3)按照检测规程,正确使用检测仪器和设备进行对砂、石子及水泥混凝土各项技术指标的测定。
(4)会进行钢材的进场验收和取样送检工作。
(5)能根据相关标准对建筑钢材进行质量检测,并能根据相关指标,判定钢材的质量等级。
(6)正确填写检测报告。

7.3 建筑钢材性能检测任务实施

工程描述:某建筑工地根据施工需要采购了一批建筑钢材用于结构工程中,如图7.1所示。请根据相关标准和规范进行验收和检测。

图7.1 建筑钢材

7.3.1 建筑钢材性能检测学习准备

(1) 钢结构设计时，以_____作为设计计算取值的依据。
(2) 钢材拉断后的伸长率是表示钢材的_____的指标。
(3) 钢材的硬度常用_____法测定，其符号为_____。
(4) 低碳钢的受拉破坏过程，可分为_____、_____、_____和_____4个阶段。

7.3.2 建筑钢材性能检测计划

根据《金属材料 拉伸试验 第1部分：室温试验方法》（GB/T 228.1—2010)和《金属材料 弯曲试验方法》（GB/T 232—2010）对建筑钢材进行检测。

7.3.3 建筑钢材性能检测实施

引导问题1：如何进行钢材的取样？

钢筋应按批进行检查和验收，每批由同一牌号、同一炉罐号、同一尺寸的钢筋组成。每批重量通常不大于60t。超过60t的部分，每增加40t(或不足40t的余数)，增加一个拉伸试验试样和一个弯曲试验试样。

允许由同一牌号、同一冶炼方法、同一浇注方法的不同炉罐号组成混合批。各炉罐号含碳量之差不大于0.02%，含锰量之差不大于0.15%，混合批的重量不大于60t。

按同一牌号、同一规格、同一炉罐号、同一交货状态的每60t钢筋为一验收批，不足60t按一批计。

1) 取样数量

(1) 每批直条钢筋应做两个拉伸检测、两个弯曲检测。碳素结构钢每批应做一个拉伸检测、一个弯曲检测。
(2) 每批盘条钢筋应做一个拉伸检测、两个弯曲检测。
(3) 逐盘或逐捆做一个拉伸检测，CRB 550级每批做两个弯曲检测，CRB 650级及以上每批做两个反复弯曲检测。

2) 取样方法

每批任选两根钢筋，于每根距端部500mm处各取一套试样(2根试件)，每套试样中一根做拉伸检测，另一根做冷弯检测。在拉伸检测中，如果其中有一根试件的屈服点、抗拉强度和伸长率3个指标中有一个指标达不到钢筋标准规定的数值，应再抽取双倍(4根)钢筋，制成双倍(4根)试件重新做检测。复检时，如仍有一根试件的任意一个指标达不到标准要求，则不论该指标在第一次检测中是否达到标准要求，拉伸检测项目也判为不合格。在冷弯检测中，如有一根试件不符合标准要求，应同样抽取双倍钢筋，制成双倍试件重新检测，如仍有一根试件不符合标准要求，冷弯检测项目即为不合格。整批钢筋不予验收。

引导问题2：如何进行钢材拉伸性能的检测？

1) 检测工具准备

检查本次检测所需仪器设备是否齐全，见表7-1。

表7-1 钢材拉伸性能检测所需仪器

仪器设备	任务完成则画"√"
拉力试验机(图7.2)	☐
钢筋划线机(图7.3)	☐
游标卡尺：精确度为0.1mm(图7.4)	☐
浅盘、硬软毛刷等	☐

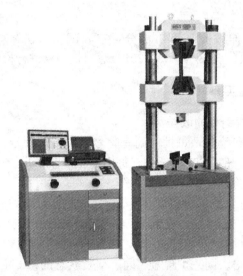

图7.2 拉力试验机

图7.3 钢筋划线机

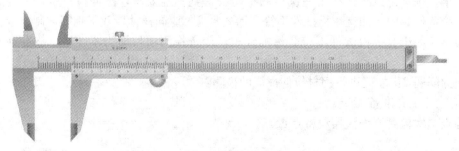

图7.4 游标卡尺

2) 试件制备

(1) 在每批钢筋中任取两根,在距钢筋端部_____mm 处各取一根试样。

(2) 拉伸检测用钢筋试件不得经过车削加工,可以用两个或一系列等分小冲点或细划线标出原始标距(标记不应影响试样断裂),测量标距长度 L_0,精确至 0.1mm,如图 7.5 所示。

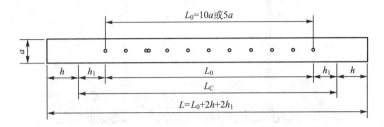

图 7.5 钢筋拉伸检测试件

a—试样原始直径;L_0—标距长度;h_1—取 $(0.5 \sim 1)a$;h—夹具长度

(3) 根据钢筋的公称直径按表 7-2 选取公称横截面积 $A(\text{mm}^2)$。

表 7-2 钢筋的公称横截面积

公称直径/mm	公称横截面积/mm²	公称直径/mm	公称横截面积/mm²
8	50.27	22	380.1
10	78.54	25	490.9
12	113.1	28	615.8
14	153.9	32	804.2
16	201.1	36	1018
18	254.5	40	1257
20	314.2	50	1964

3) 检测步骤

(1) 将试件上端固定在试验机上夹具内,调整试验机零点,装好描绘器、纸、笔等,再用下夹具固定试件下端,如图 7.6 所示。

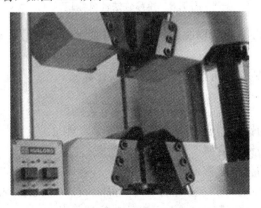

图 7.6 试件固定

(2) 开动试验机进行拉伸,拉伸速度为:屈服前应力增加速度为 10MPa/s;屈服后试验机活动夹头在荷载下移动速度不大于 $0.5Lc/min(Lc=L_0+2h_1)$,直至试件拉断,如图 7.7 所示。

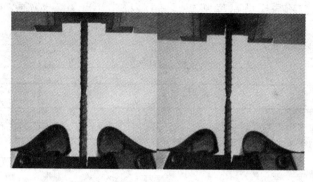

图 7.7 钢筋拉伸

(3) 拉伸过程中,测力度盘指针停止转动时的恒定荷载,或第一次回转时的最小荷载,即为屈服荷载 $F_s(N)$。向试件继续加荷直至试件拉断,读出最大荷载 $F_b(N)$。

(4) 测量试件拉断后的标距长度 L_1。将已拉断的试件两端在断裂处对齐,尽量使其轴线位于同一条直线上。

如拉断处距离邻近标距端点大于 $L_0/3$ 时,可用游标卡尺直接量出 L_1。如拉断处距离邻近标距端点小于或等于 $L_0/3$ 时,可按下述移位法确定 L_1:在长段上自断点起,取等于短段格数得 B 点,再取等于长段所余格数(偶数如图 7.8(a)所示)之半得 C 点;或者取所余格数(奇数如图 7.8(b)所示)减 1 与加 1 之半得 C 与 C_1 点。则移位后的 L_1 分别为 $AB+2BC$ 或 $AB+BC+BC_1$。

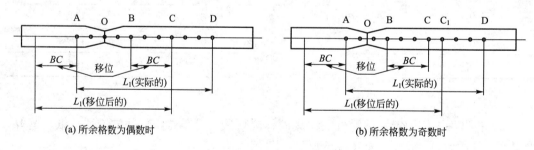

(a) 所余格数为偶数时   (b) 所余格数为奇数时

图 7.8 用移位法计算标距

如果直接测量所求得的伸长率能达到技术条件要求的规定值,则可不采用移位法。

4) 结果计算与评定

(1) 钢筋的屈服强度 σ_s 和抗拉强度 σ_b 按下式计算

$$\sigma_s=\frac{F_s}{A}, \quad \sigma_b=\frac{F_b}{A}$$

式中:σ_s、σ_b——分别为钢筋的屈服强度和抗拉强度,MPa;

F_s、F_b——分别为钢筋的屈服荷载和最大荷载,N;

A——试件的公称横截面积,mm^2。

当 σ_s、σ_b 大于 1000MPa 时,应计算至 10MPa,按"四舍六入五单双法"修约;为 200~1000MPa 时,计算至 5MPa,按"二五进位法"修约;小于 200MPa 时,计算至

1MPa，小数点后数字按"四舍六入五单双法"处理。

（2）钢筋的伸长率 δ_5 或 δ_{10} 按下式计算

$$\delta_5（或 \delta_{10}）=\frac{L_1-L_0}{L_0}\times 100\%$$

式中：δ_5、δ_{10}——分别为 $L_0=5a$ 或 $L_0=10a$ 时的伸长率，精确至 1‰；

L_0——原标距长度 5a 或 10a，mm；

L_1——试件拉断后直接量出或按移位法的标距长度，mm，精确至 0.1mm。

特别提示

如试件在标距端点上或标距处断裂，则检测结果无效，应重做检测。

引导问题 3：如何完成钢筋冷弯性能的检测？

1）检测工具准备

检查本次检测所需仪器设备是否齐全，见表 7-3。

表 7-3　钢筋冷弯性能检测所需仪器

仪器设备	任务完成则画"√"
压力机或万能试验机：附有冷弯支座和弯心（图 7.9）	□

图 7.9　万能试验机

2）试件制备

（1）试样加工时，应去除由于剪切、火焰切割或类似的操作而影响了材料性能的部分。

(2) 试件的弯曲外表面不得有划痕和损伤。方形、矩形和多边形横截面试样的棱边应倒圆,倒圆半径不能超过下列数值。

① 1mm,当试样厚度小于10mm。

② 1.5mm,当试样厚度大于或等于10mm且小于50mm。

③ 3mm,当试样厚度不小于50mm。

棱边倒圆时不应形成影响检测结果的横向毛刺、伤痕或刻痕。如果检测结果不受影响,允许试样的棱边不倒圆。

(3) 弯曲试件长度根据试件直径和弯曲检测装置而定。

3) 检测步骤

(1) 半导向弯曲。试样一端固定,绕弯曲压头进行弯曲,可以绕过弯曲压头,直至达到规定的弯曲角度。

(2) 导向弯曲。

① 将试件放于两支辊或V形模具上,试样轴线应与弯曲压头轴线垂直,弯曲压头在两支座之间的中点处对试样连续施加力使其弯曲,直至达到规定的弯曲角度,如图7.10所示。

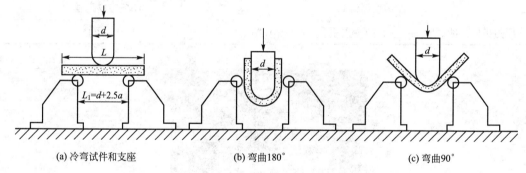

图 7.10　钢筋冷弯检测装置示意图

② 首先对试样进行初步弯曲,然后将试样置于两平行压板之间,连续施加力压其两端进一步弯曲,直至两臂平行,如图7.11所示。检测时可以加或不加内置垫块,垫块厚度等于规定的弯曲压头直径。

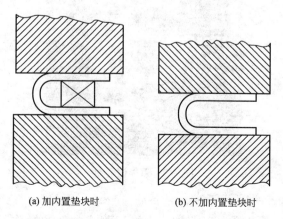

图 7.11　试样弯曲至两臂平行

③ 首先对试样进行初步弯曲,然后将试样置于两平行压板之间,连续施加力压其两端使进一步弯曲,直至两臂直接接触,如图 7.12 所示。

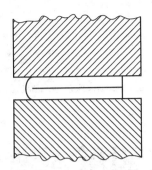

图 7.12　试样弯曲至两臂直接接触

4) 结果计算与评定

(1) 弯曲后,按有关标准规定检查试样弯曲外表面,进行结果评定。

(2) 有关标准未作具体规定时,检查试样的外表面,弯曲检测后不使用放大仪器观察,试样弯曲外表面无可见裂纹,则评定试样合格,如图 7.13 所示。

图 7.13　钢筋弯曲

第8章

防水材料的检测

8.1　防水材料的检测任务介绍

建筑防水材料被广泛应用于地下室、屋面、卫生间等工程的防水施工中，起着建筑防水的作用，是建筑材料中的一个重要组成部分。本章的学习任务是针对具体的工程设计资料，完成沥青的针入度、延度和软化点的检测；沥青防水卷材的外观尺寸、长度、宽度、平直度、平整度、拉伸性、不透水性、耐热性的试验检测，并对其结果进行评价，确定其能否用于工程中。

8.2　防水材料的检测学习目标

（1）描述常用防水卷材的种类及各自适用范围。
（2）能用目测法检测防水卷材的外观。
（3）描述防水卷材的常用技术指标。
（4）按照检测规程，正确使用检测仪器进行防水卷材的各项技术指标测定。
（5）根据试验检测数据比对相关标准，对防水卷材进行分析判断。
（6）正确填写试验检测报告。

8.3　防水材料的检测任务实施

工程描述：某建筑工地根据施工需要采购了一批 SBS 改性沥青防水卷材，如图 8.1 所示。请根据相关标准和规范进行验收和检测。

图 8.1　防水卷材

8.3.1　防水材料的检测学习准备

引导问题 1：在建筑工程中，可用于屋面防水的材料有哪些？
（1）试简述屋面防水材料的种类、特点和使用范围。
（2）试简述 SBS 改性沥青防水卷材的种类和特点。

8.3.2 防水材料的检测计划

根据《沥青针入度测定法》(GB/T 4509—2010)、《沥青延度测定法》(GB/T 4508—2010)、《沥青软化点测定法(环球法)》(GB/T 4507—1999)、《建筑防水卷材试验方法》(GB/T 328—2007)选择合适的试验方法对沥青和防水卷材相关性能指标进行检测。

8.3.3 防水材料的检测实施

引导问题2：如何对沥青的针入度进行检测？

1. 检测工具准备

检查本次检测所需仪器设备是否齐全，见表8-1。

表8-1 沥青针入度检测所需仪器

仪器设备	任务完成则画"√"
针入度仪：精度0.1mm(图8.2、图8.3)	☐
标准针	☐
盛样皿、盛样皿盖	☐
恒温水槽	☐
平底玻璃皿	☐
温度计	☐
秒表	☐
电炉、石棉网	☐

盛样皿应使用最小尺寸符合表8-2的金属或玻璃的圆柱形平底容器。

表8-2 盛样皿尺寸

针入度范围	直径/mm	深度/mm	本次试验的选择
小于40	33～55	8～16	☐
小于200	55	35	☐
200～350	55～75	45～70	☐
350～500	55	70	☐

2. 试件准备

(1) 将预先脱水的沥青试样加热融化，经搅拌、过筛后，倒入盛样皿中。试样高度应超过预计针入度值_____ mm，并盖上盛样皿，以防落入灰尘。

(2) 将盛有试样的盛样皿在_____℃室温中冷却_____h(小盛样皿)、_____h(大盛样皿)或_____h(特殊盛样皿)后移入保持规定检测温度±0.1℃的恒温水槽中1～1.5h(小盛样皿)、1.5～2h(大试样皿)或2～2.5h(特殊盛样皿)。

图 8.2 电子针入度仪图

图 8.3 针入度仪

3. 检测步骤

(1) 调整针入度仪使之水平。检查针连杆和导轨,以确认无水和其他外来物,无明显摩擦。用三氯乙烯或其他溶剂清洗标准针,并拭干。将标准针插入针连杆,用螺丝固紧。按检测条件,加上附加砝码。

(2) 取出达到恒温的盛样皿,并移入水温控制在检测温度±0.1℃(可用恒温水槽中的水)的平底玻璃皿中的三脚支架上,试样表面以上的水层深度不少于_____ mm,如

图 8.4、图 8.5 所示。

图 8.4 调整水温

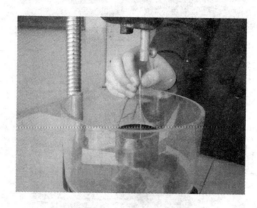

图 8.5 放入试样

（3）将盛有试样的平底玻璃皿置于针入度仪的平台上。慢慢放下针连杆，用适当位置的反光镜或灯光反射观察，使其针尖恰好与试样表面接触。拉下刻度盘的拉杆，使其与针连杆顶端轻轻接触，调节刻度盘或深度指示器的指针指示为零，如图 8.6、图 8.7 所示。

（4）开动秒表，在指针正指 5s 的瞬间，用手紧压按钮，使标准针自动下落贯入试样，经规定时间，停压按钮使针停止移动，如图 8.8 所示。

图 8.6 针尖与试样表面接触

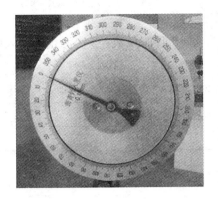

图 8.7 刻度归零

图 8.8 针入度检测

当采用自动针入度仪时,计时与标准针落下贯入试样同时开始,至 5s 时自动停止。

(5) 拉下刻度盘拉杆与针连杆顶端接触,读取刻度盘指针或位移指示器的读数,准确至 0.5(0.1mm)。

(6) 同一试样平行检测至少_____次,各测试点之间及与盛样皿边缘的距离不应少于 10mm。每次检测后应将盛有盛样皿的平底玻璃皿放入恒温水槽,使平底玻璃皿中水温保持检测温度。每次检测应换一根干净标准针或将标准针取下用蘸有三氯乙烯溶剂的棉花或布揩净,再用干棉花或布擦干。

(7) 测定针入度大于 200 的沥青试样时,至少用 3 支标准针,每次检测后将针留在试样中,直至 3 次平行检测完成后,才能将标准针取出。

4. 检测结果

以3次测定针入度的算术平均值作为检测结果,且取整数。3次测定的针入度值相差不应大于表8-3中的数值,否则应重做检测。

表8-3 沥青针入度偏差值

针入度(0.1mm)	0～49	50～149	150～249	250～350
最大差值(0.1mm)	2	4	6	8

引导问题3:如何对沥青的延度进行检测?

1. 检测工具准备

检查本次检测所需仪器设备是否齐全,见表8-4。

表8-4 沥青延度检测所需仪器

仪器设备	任务完成则画"√"
沥青延度仪(图8.9)	□
模具	□
水浴锅	□
隔离剂	□
刀	□
金属板、金属网	□
温度计	□
瓷皿或金属皿	□

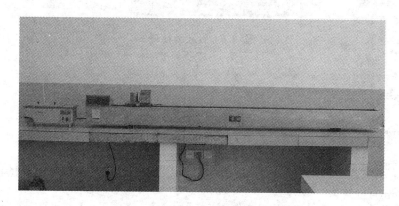

图8.9 沥青延度仪

2. 试件准备

(1)将模具水平地置于金属板上,再将隔离剂涂于模具内壁和金属板上。

(2)将预先脱水的沥青试样置于瓷皿或金属皿中加热熔化,经搅拌、过筛后,注入模具中(自模具的一端至另一端往返多次),并略高出模具。

（3）将试件在 15～30℃空气中冷却 30～40min，然后放在温度为_____℃的水浴锅中保持_____ min。

（4）取出试件，用加热的刀将高出模具的沥青刮去，使沥青表面与模具齐平。

（5）最后将试件连同金属板再浸入（25±0.1）℃的水浴中保持_____ min，如图 8.10 所示。

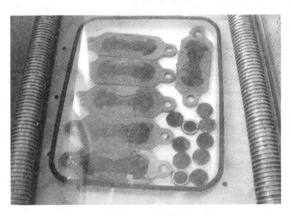

图 8.10　沥青延度试件

3．检测步骤

（1）检查延度仪滑板的移动速度是否符合要求，然后移动滑板使指针正对标尺零点。调整水槽中的水温为_____℃。

（2）将试件置于延度仪水槽中，将模具两端的孔分别套在滑板和槽端的柱上，然后以_____cm/min 的速度拉伸模具，直至试件被拉断，如图 8.11 所示。

图 8.11　沥青延度检测

　　检测时，试件距水面和水底的距离不小于 2.5cm；测定时，若发现沥青细丝浮于水面或沉入水底，则应在水中加入乙醇或食盐水，调整水的密度与试样的密度相近后，再进行检测。

（3）试件被拉断时指针所指标尺上的读数，即为试样的延度，单位为 cm。同一样品，应做 3 次检测。

4. 检测结果与评定

以 3 个试件测定值的算术平均值作为检测结果。若 3 个试件测定值中有一个测定值不在其平均值的 5% 以内，但其中两个较高值在平均值的 5% 之内，则舍去最低测定值，取两个较高值的平均值作为检测结果。否则应重新检测。

引导问题 4：如何对沥青的软化点进行检测？

1. 检测工具准备

检查本次检测所需仪器设备是否齐全，见表 8-5。

表 8-5 沥青的软化点检测所需仪器

仪器设备	任务完成则画 "√"
软化点检测仪（图 8.12）	☐
温度计	☐
蒸馏水	☐
隔离剂	☐
刀	☐
金属板或玻璃板	☐
0.3～0.5mm 筛孔尺寸的筛	☐
瓷皿或金属皿	☐

图 8.12 沥青软化点检测仪

2. 试件准备

(1) 将环置于涂上隔离剂的金属板或玻璃板上。

(2) 将预先脱水的沥青试样加热熔化，经搅拌、过筛后，将沥青注入环内至略高出表面。

(3)将试样置于室温下冷却_____min后,用稍加热的刀刮去高出环面的多余沥青,使之与环面齐平。

石油沥青试样加热至倾倒温度的时间不超过_____h,且加热温度不超过预计沥青软化点110℃;煤沥青试样加热至倾倒温度的时间不超过30min,且加热温度不超过预计沥青软化点55℃;若估计沥青软化点温度为120℃以上,应将环和金属板预热至80～100℃;若重复检测,不能重新加热试样,而应在干净的器皿中用新鲜的试样制备试件,如图8.13所示。

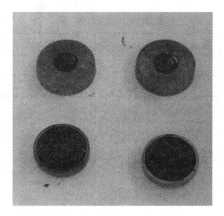

图8.13 沥青软化点试样

3. 检测步骤

(1)将装有试样的环、支撑架、钢球定位器放入装有蒸馏水(估计沥青软化点不高于80℃)或甘油(估计沥青软化点高于80℃)的保温槽内,恒温_____min。同时,钢球也置于其中。

(2)将达到起始温度的加热介质注入浴槽内,再将所有装置放入浴槽中,钢球置于定位器中,调整液面至深度标记。将温度计垂直插入适当位置,使其水银球的底部与环的下面齐平。

(3)将浴槽置于加热装置上,开始加热,使加热介质的温度在3min后的升温速率达到5℃/min。若温度的上升速率超过此规定范围,则此次检测失败,检测应重做。

(4)当两个环上的钢球下降至刚触及下支撑板时,记录温度计所示的温度,如图8.14所示。

图8.14 沥青软化点检测

4. 检测结果

取两个温度值的算术平均值作为测定结果（沥青的软化点）。若两个温度值的差值超过1℃，则应重新检测。

引导问题5：如何对SBS改性沥青防水卷材进行外观检测？

1. 试件制备

抽样可以根据双方的协议，如没有这种协议，可按表8-6进行。

表8-6 抽样数量

批量/m²	样品数量/卷	批量/m²	样品数量/卷
≤1000	1	2500～5000	3
1000～2500	2	＞5000	4

2. 检测步骤

将抽取的成卷卷材放在平面上，小心的展开卷材的前_____ m 检查，_____面朝上，用肉眼检查整个卷材有无_____、_____、_____、_____或其他能观察到的缺陷存在。

3. 检测结果与评定

（1）成卷卷材应卷紧卷齐，端面里进外出不得超过10mm。

（2）成卷卷材在4～50℃任一产品温度下展开，在距卷芯1000mm长度外不应有10mm以上的裂纹或黏结。

（3）胎基应浸透，不应有未被浸透处。

（4）卷材表面应平整，不允许有孔洞、缺边和裂口、疙瘩、矿物粒料粒度应均匀一致并紧密地黏附于卷材表面。

（5）每卷卷材接头处不应超过一个，较短的一段长度不应少于1000mm，接头应剪切整齐，并加长150mm。

特别提示

检测结果以文字描述填入表中。

引导问题6：如何对高分子防水卷材进行长度、宽度和平直度检测？

1. 检测工具准备

检查本次检测所需仪器设备是否齐全，见表8-7。

表8-7 检查所需仪器

仪器设备	任务完成则画"√"
钢卷尺：保证测量精度10mm	☐
直尺：保证测量精度1mm	☐

2. 试件制备

抽样可以根据双方的协议，如没有这种协议，可按表 8-1 进行。

3. 检测步骤

(1) 抽取成卷卷材放在平面上，小心地展开卷材，保证与平面完全接触。_____ min 后，测量长度、宽度和平直度。

(2) 长度测定在整卷卷材宽度方向的两个_____ 处测量，记录结果，精确到 10mm。

(3) 宽度测量在距卷材两端头各_____ m 处测量，记录结果，精确到 1mm。

(4) 平直度测量沿卷材纵向一边，据纵向边缘_____ mm 处的两点作记号（图 8.15 中的 A、B 点），在卷材的两点记号点处用笔划一参考直线，测量参考线与卷材纵向边缘的最大距离 g，记录该最大偏离（$g-100$mm），精确到 1mm。卷材长度超过 10m 时，每 10m 长度如此测量一次。

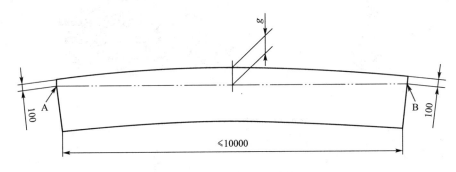

图 8.15 卷材平直度测定 1

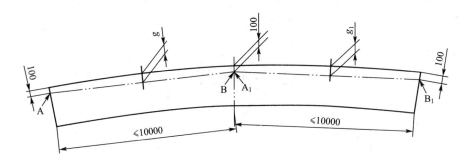

图 8.16 卷材平直度测定 2

4. 检测结果计算与评定

(1) 长度取两处测量的平均值，精确到 10mm。

(2) 宽度取两处测量的平均值，精确到 1mm。

(3) 卷材平直度以整卷卷材上测量的最大偏离表示，精确到 1mm。

引导问题 7：如何对高分子防水卷材进行拉伸性能检测？

1. 检测工具准备

检查本次检测所需仪器设备是否齐全，见表 8-8。

表8-8 高分子防水卷材拉伸性能检测所需仪器

仪器设备	任务完成则画"√"
拉伸试验机：至少2000N(图8.17)	□
拉伸试验机的夹具	□

图8.17 防水卷材拉伸试验机

2. 试件制备

整个拉伸检测应制备两组试件，一组纵向_____个试件，一组横向_____个试件。试件在试样上距边缘100mm上任意裁取，如图8.18所示。矩形试件宽为_____mm，长为_____mm，_____方向为检测方向。

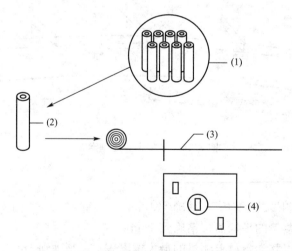

图8.18 卷材抽样
1—交付批；2—样品；3—试样；4—试件

试件制作时，表面的非持久层应去除。另外，试件在检测前应在_____℃和相对湿度_____%的条件下至少放置_____h。

3. 检测步骤

（1）将试件紧紧地加载到拉伸试验机的夹具中，注意试件长度方向的中线与试验机夹具中心在一条线上。夹具间距离为_____ mm，为放置试件从夹具中滑移应作标记。

（2）检测在_____℃进行，夹具移动的恒定速度为_____ mm/min。

（3）连续记录拉力和对应的夹具间的距离。

4. 检测结果与评定

分别记录每个方向 5 个试件的拉力值和延伸率，计算平均值。

$$延伸率 = \frac{试验后对应的夹具间距离(mm)}{试验前起始夹具间距离(mm)} \times 100\%$$

特别提示

拉力的平均值修约到 5N，延伸率的平均值修约到 1%。

引导问题 8：如何对高分子防水卷材进行不透水性检测？

1. 检测工具准备

检查本次检测所需仪器设备是否齐全，见表 8-9。

表 8-9　高分子防水卷材不透水性检测所需仪器

仪器设备	任务完成则画"√"
压力试验装置(图 8.19)	□
开缝盘(图 8.20)	□

2. 试件制备

试件在卷材宽度方向均匀裁取，最外一个距卷材边缘_____ mm。试件的纵向与产品的纵向平行并标记。在相关的产品标准中应规定试件数量，至少_____块。圆形试件，试件直径不小于盘外径(约 130mm)。

检测前试件在_____℃至少放置_____ h。

图 8.19　防水卷材不透水试验机

图 8.20　防水卷材不透水性试验具

3. 检测步骤

（1）在压力装置中充水直至满出，彻底排出水管中空气。

（2）试件的_____面朝下放置在透水盘上，盖上规定的开缝盘，其中一个缝的方向与卷材_____向平行。放上封盖，慢慢夹紧直到试件夹紧在盘上，用布干燥试件的非迎水面，慢慢加压到规定的压力。

（3）达到规定压力后，保持压力_____h。

（4）检测时观察试件的不透水性（水压突然下降或试件的非迎水面有水）。

4. 检测结果与评定

所有试件在规定的时间内不透水认为不透水性检测通过。

引导问题 9：如何对高分子防水卷材进行耐热性检测？

1. 检测工具准备

检查本次检测所需仪器设备是否齐全，见表 8-10。

表 8-10　高分子防水卷材耐热性检测所需仪器

仪器设备	任务完成则画"√"
鼓风烘箱	□
热电偶	□
悬挂装置：铁丝或回形针（图 8.21）	□
硅纸	□

2. 试件制备

矩形试件尺寸_____mm×_____mm，试件均匀地在试样宽度方向裁取，长边是卷材的纵向。试件应距卷材边缘 150mm 以上，试件从卷材的一边开始连续编号，卷材上表面和下表面应标记。一组_____试件。

去除任何非持久层。试件检测前至少在_____℃平放_____h。相互之间不要接触或黏住，有必要时，将试件分别放在硅纸上防止黏结。

图 8.21 卷材耐热性检测悬挂装置

3. 检测步骤

(1) 烘箱预热到规定检测温度,温度通过与试件中心同一位置的热电偶控制。整个检测期间,检测区域的温度波动不超过_____℃。

(2) 分别在距试件短边一端_____mm 处的中心打一个小孔,用细铁丝或回形针穿过,垂直悬挂试件在固定温度烘箱的相同高度,间隔至少_____mm。此时烘箱的温度不能下降太多,开关烘箱门放入时间的试件不超过_____s。放入试件后加热时间为_____min。

(3) 加热周期一结束,试件从烘箱中取出,相互间不要接触,目测观察并记录试件表面的涂盖层有无滑移、流淌、滴落、集中气泡等。

4. 检测结果与评定

试件任意端涂盖层不应与胎基发生位移,试件下端的涂盖层不应超过胎基,无流淌、滴落、集中性气泡,为规定温度下耐热性符合要求。

特别提示

一组 3 个试件都应符合要求。

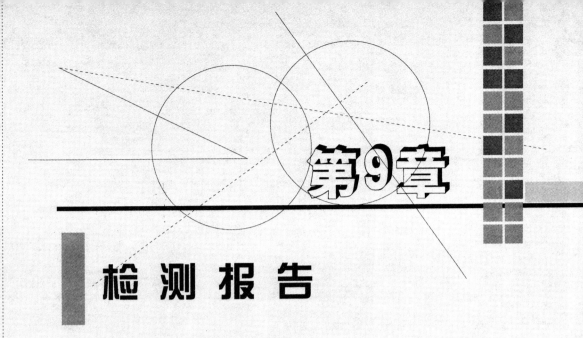

第9章

检 测 报 告

班级：_____ 学号：_____ 姓名：_____

9.1 建筑材料基本性质的检测报告

材料检测实训报告

送检试样：_____ 委托编号：_____

委托单位：_____ 工程名称：_____

一、送检试样资料

种类		产地		试验项目	
厂家		使用部位		送样日期	

二、试验记录与计算

水泥品种_____强度等级_____水温_____℃

出厂单位_____出厂日期_____检测日期_____

次数	试样质量 /g	初始读数 /mL	第二次读数 /mL	试样体积 /cm³	密度 /g/cm³	平均比密度 /kg/cm³
1						
2						

结论：

根据_____标准，该水泥的密度为_____。

备注及问题说明：

审批(签字)：_____审核(签字)：_____校核(签字)：_____检测(签字)：_____

检测单位(盖章)：_____

报告日期：　　年　　月　　日

注：本表一式 4 份(建设单位、施工单位、试验室、城建档案馆存档各一份)。

9.2 气硬性胶凝材料的检测报告

气硬性胶凝材料测实训报告

送检试样：_____ 委托编号：_____

委托单位：_____ 工程名称：_____

一、送检试样资料

种类		消化速度		试验项目	
产地		取样数量		执行标准	
厂家		使用部位		送样日期	

二、试验记录与计算

试验日期：　年　月　日

1. 消化质量检查

检查内容	快熟石灰	中熟石灰	慢熟石灰
检查结果			

2. 建筑消石灰粉的技术指标

项目		钙质消石灰粉			镁质消石灰粉			白云石消石灰粉		
		优等	一等	合格	优等	一等	合格	优等	一等	合格
$(CaO+MgO)$含量,%, 不小于										
游离水,%										
体积安定性		合格	合格	—	合格	合格	—	合格	合格	—
细度	0.900mm筛筛余,%,不大于									
	0.125mm筛筛余,%,不大于									

3. 生石灰粉技术标准

项目		钙质生石灰			镁质生石灰		
		优等品	一等品	合格品	优等品	一等品	合格品
(CaO+MgO)含量,%,不小于							
CO_2,%,不大于							
细度	0.900mm 筛筛余,%,不大于						
	0.125mm 筛筛余,%,不大于						

结论：

备注及问题说明：

审批(签字)：_____ 审核(签字)：_____ 校核(签字)：_____ 检测(签字)：_____
　　　　　　　　　　　　　　　　　　　　　　　　　　　　　　　　检测单位(盖章)：_____
　　　　　　　　　　　　　　　　　　　　　　　　　　　　　　　　报告日期：　　年　　月　　日

注：本表一式 4 份(建设单位、施工单位、试验室、城建档案馆存档各一份)。

9.3 水泥的检测报告

一、送检试样资料

水泥编号	水泥品种及标号	取样日期	取样人签字	备注

二、试验记录与计算

水泥检测报告

委托单位			委托日期	
工程名称			委托编号	
水泥品种			报告日期	
水泥等级			商　　标	
水泥产厂			出厂日期	
依据标准	GB/T 208—1994，GB/T 1345—2005，GB/T 1346—2001，GB/T 17671—1999		出厂编号	

检测结果			
检测项目	标准要求	实测结果	单项判定
密度			
细度			
标准稠度用水量			
凝结时间 - 初凝时间			
凝结时间 - 终凝时间			
安定性			
抗折强度/MPa 3d 单个值			
抗折强度/MPa 3d 平均值			
抗折强度/MPa 28d 单个值			
抗折强度/MPa 28d 平均值			
抗压强度/MPa 3d 单个值			
抗压强度/MPa 3d 平均值			
抗压强度/MPa 28d 单个值			
抗压强度/MPa 28d 平均值			
结　论			
备　注			

签发：　　　　　　　　　　　审核：　　　　　　　　　　　检测：

注：本表由检测机构填写，一式3份，检测机构、委托单位、监理单位各留一份。报告左上角加盖计量认证CMA章，右上角加盖省级建设工程质量检测资质专用章有效。

9.4 水泥混凝土材料性能检测

水泥混凝土物理力学性能检测报告

工程名称： 　　　　　　　　报告编号： 　　　　　　　　工程编号：

委托单位		委托编号		委托日期	
施工单位		样品编号		检测日期	
使用部位		设计强度等级		报告日期	
试件养护情况		试件制作日期		龄期	
发证单位		见证人		证书标号	

1. 水泥混凝土抗压强度检测

试件编号	试件边长 /mm	受压面积 A/mm^2	极限荷载 F/kN	抗压强度 f'_{cc}/MPa	换算系数 K	折算标准试件抗压强度 f_{cc}/MPa	
						单值	测定值

2. 水泥混凝土抗折强度检测

试件编号	试件尺寸 /mm			支座间距 L/mm	极限荷载 F/kN	抗折强度 f'_f/MPa	换算系数 K	折算标准试件抗折强度 f_f/MPa	
	长	宽	高					单值	测定值

3. 水泥混凝土劈裂抗拉强度检测

试件编号	试件尺寸 /mm			劈裂面积 A/mm^2	极限荷载 F/kN	抗折强度 f'_{ts}/MPa	换算系数 K	折算抗拉强度 f_{ts}/MPa	
	长	宽	高					单值	测定值

结论：

审批(签字)：_____ 审核(签字)：_____ 校核(签字)：_____ 检测(签字)：_____

检测单位(盖章)：_____

报告日期：　　年　　月　　日

注：本表一式4份(建设单位、施工单位、试验室、城建档案馆存档各一份)。

根据强度检测结果修正配合比，得到试验室配合比。

请根据检测结果做出抗压强度和灰水比的关系曲线，如图9.1所示，从而得到与配置强度相对应的水灰比为_____。

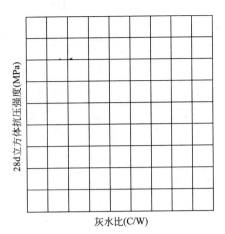

图 9.1　抗压强度—灰水比关系图

试验室配合比为：

水泥∶砂∶石∶水＝_____。

根据施工现场原材料含水率，计算施工配合比。

计算过程：

施工配合比为：

水泥∶砂∶石∶水＝_____。

9.5 建筑砂浆的检测报告

一、送检试样资料

种类		强度等级		送样日期	
使用部位		取样数量		取样人签字	

二、试验记录与计算

砂浆检测报告

委托单位：_____　　报告编号：_____
工程名称：_____　　委托编号：_____
施工部位：_____　　记录编号：_____
代表数量：_____　　报告日期：_____

设计强度等级		理论配合比		养护方法	
制件日期		施工配合比		养护温度/℃	
试件尺寸/mm		制件捣实方法			

使用材料名称	材料产地、规格	报告编号	施工拌和用量/kg
水泥			
砂			
石灰膏			
水			
掺和料			
外加剂			

检测结果

检测项目			标准要求	实测结果	单项判定
稠度					
分层度					
立方体抗压强度/MPa	3d	单个值			
		平均值			
	28d	单个值			
		平均值			
结　论					
备　注					

签发：　　　　　　　　　　　　　审核：　　　　　　　　　　　　　检测：

注：本表由检测机构填写，一式3份，检测机构、委托单位、监理单位各留一份。报告左上角加盖计量认证CMA章，右上角加盖省级建设工程质量检测资质专用章有效。

9.6 墙体材料的检测报告

砌墙砖检测实训报告

送检试样：_____　　委托编号：_____
委托单位：_____　　工程名称：_____

一、送检试样资料

种类		强度等级		检测项目	
产地		取样数量		执行标准	
厂家		使用部位		送样日期	

二、检测记录与计算　　　　　　　　　　　　　　　　　　　　　检测日期：　年　月　日

1. 外观质量检查

检查内容	尺寸偏差	弯曲变形	缺损情况	裂纹长度	杂质及凸出高度	色差
检查结果						

2. 表观密度测定

试件编号	检测温度	砖的尺寸/mm			试件体积 $V_0=l\times b\times h/m^3$	砖质量 G/g	表观密度 $\rho=\dfrac{G}{V_0}$/kg/m³	砖表观密度平均值/kg/m³
		长 l	宽 b	厚 h				

3. 抗折强度检测

试件编号	尺寸/mm			破坏荷载 F/N	抗折强度测定值/MPa	抗折强度最小值/MPa	抗折强度平均值/MPa
	跨距 L	宽 b	厚 h				

4. 抗压强度测定

试件编号	尺寸/mm		受压面积/mm²	破坏荷载 F /N	抗压强度测定值/MPa	抗压强度最小值/MPa	抗压强度平均值/MPa
	长 l	宽 b					

结论：
根据_____标准，该砖的强度等级为_____。
备注及问题说明：

审批(签字)：_____ 审核(签字)：_____ 校核(签字)：_____ 检测(签字)：_____
　　　　　　　　　　　　　　　　　　　　　　　　　　　检测单位(盖章)：_____
　　　　　　　　　　　　　　　　　　　　　　　　　　　报告日期：　　年　　月　　日

注：本表一式 4 份(建设单位、施工单位、试验室、城建档案馆存档各一份)。

9.7 建筑钢材性能的检测报告

建筑钢材性能检测报告

工程名称： 报告编号： 工程编号：

委托单位		委托编号		委托日期	
钢材种类		规格或牌号		检测日期	
代表数量		公称直径/mm		公称面积/mm²	
发证单位		见证人		证书标号	

1. 钢材拉伸性能检测

编号	屈服荷载/N	极限强度/N	屈服强度/MPa	抗拉强度/MPa	原标距长度/mm	断后标距长度/mm	伸长率/%
1							
2							

2. 钢材冷弯性能检测

编号	试件长度 L/mm	试件直径/mm	弯心直径 d/mm	弯曲角 θ/度	检验结果	冷弯是否合格
1						
2						

结论：根据_____标准，本试件钢筋牌号可定为：_____。
审批(签字)：_____ 审核(签字)：_____ 校核(签字)：_____ 检测(签字)：_____
　　　　　　　　　　　　　　　　　　　　　　　　　检测单位(盖章)：_____
　　　　　　　　　　　　　　　　　　　　　　　　　报告日期： 年 月 日

注：本表一式4份(建设单位、施工单位、试验室、城建档案馆存档各一份)。

9.8 防水材料的检测报告

沥青检测实训报告

送检试样：_____ 委托编号：_____

委托单位：_____ 工程名称：_____

一、送检试样资料

种类		使用部位		试验项目	
产地		取样数量			
厂家		执行标准		送样日期	

二、试验记录与计算

　　　　　　　　　　　　　　　　　　　　　　　　　　试验日期：　　年　　月　　日

1. 沥青针入度检测

试件编号	试验温度/℃	针入度值/mm	针入度平均值/mm

2. 沥青延度检测

试件编号	试验温度/℃	延度值/cm	延度平均值/cm

3. 沥青软化点检测

试件编号	试验初始温度/℃	软化点温度/℃	软化点温度平均值/℃

结论：

根据_____标准，该沥青的等级为_____。

备注及问题说明：

审批(签字)：_____　审核(签字)：_____　校核(签字)：_____　检测(签字)：_____

　　　　　　　　　　　　　　　　　　　　　　　　　　　　　　　　　　　检测单位(盖章)：_____

　　　　　　　　　　　　　　　　　　　　　　　　　　　　　　　　　　　报告日期：　　年　　月　　日

注：本表一式 4 份(建设单位、施工单位、试验室、城建档案馆存档各一份)。

防水卷材检测实训报告

送检试样：_____ 委托编号：_____

委托单位：_____ 工程名称：_____

一、送检试样资料

种类		使用部位		试验项目	
产地		取样数量			
厂家		执行标准		送样日期	

二、试验记录与计算

试验日期：　　年　　月　　日

1. 外观质量检测

检查内容	有无气泡	有无裂纹	有无孔洞	有无疙瘩	有无裸露斑	其他
检查结果						

2. 长度、宽度和平直度检测

试件编号	试验温度/℃	长度测定/mm	宽度测定/mm	平直度测定/mm

3. 拉伸性能检测

试件编号		试验温度/℃	最大拉力 N/50mm	平均拉力 N/50mm	起始距离/mm	试验后距离/mm	拉伸率/%	拉伸率平均值/%
纵向								
横向								

4. 不透水性检测

试件编号	试验温度/℃	不透水性	
		是	否

5. 耐热性检测

试件编号	涂盖层与胎基有无位移	涂盖层有无流淌	涂盖层有无滴落	涂盖层有无集中性气泡

结论：
根据＿＿＿＿＿＿＿＿＿＿＿＿＿＿＿标准，该防水卷材等级为＿＿＿＿＿＿＿＿＿＿＿＿＿。
备注及问题说明：

审批(签字)：＿＿＿＿ 审核(签字)：＿＿＿＿ 校核(签字)：＿＿＿＿ 检测(签字)：＿＿＿＿
检测单位(盖章)：＿＿＿＿
报告日期： 年 月 日

注：本表一式4份(建设单位、施工单位、试验室、城建档案馆存档各一份)。

参 考 文 献

[1] 谭平. 建筑材料检测实训指导 [M]. 北京：中国建材工业出版社，2008.
[2] 陈宝璠. 土木工程材料检测实训 [M]. 北京：中国建材工业出版社，2009.
[3] 国家技术监督局. 水泥密度测定方法. GB/T 208—1994 [S]. 北京：中国标准出版社，1995.
[4] 中华人民共和国国家质量监督检验检疫总局，中国国家标准化管理委员会. 水泥细度检验方法 筛析法. GB/T 1345—2005 [S]. 北京：中国标准出版社，2005.
[5] 中华人民共和国国家质量监督检验检疫总局. 水泥标准稠度用水量、凝结时间、安定性检验方法. GB/T 1346—2001 [S]. 北京：中国标准出版社，2004.
[6] 国家质量技术监督局. 水泥胶砂强度检验方法（ISO法）. GB/T 17671—1999 [S]. 北京：中国标准出版社，1998.
[7] 中国建筑科学研究院，等. 普通混凝土用砂、石质量及检验方法标准. JGJ 52—2006 [S]. 北京：中国建筑工业出版社，2007.
[8] 中华人民共和国国家质量监督检验检疫总局. 建筑用砂. GB/T 14685—2001 [S]. 北京：中国标准出版社，2004.
[9] 中国建筑科学研究院，等. 普通混凝土拌合物性能试验方法标准. GB/T 50080—2002 [S]. 北京：中国建筑工业出版社，2003.
[10] 中国建筑科学研究院，等. 普通混凝土力学性能试验方法标准. GB/T 50081—2002 [S]. 北京：中国建筑工业出版社，2003.
[11] 中华人民共和国住房和城乡建设部. 建筑砂浆基本性能试验方法标准. JGJ/T 70—2009 [S]. 北京：中国建筑工业出版社，2009.
[12] 中华人民共和国国家质量监督检验检疫总局. 砌墙砖试验方法. GB/T 2542—2003 [S]. 北京：中国标准出版社，2003.
[13] 中华人民共和国国家质量监督检验检疫总局，等. 金属材料弯曲试验方法. GB/T 232—2010 [S]. 北京：中国标准出版社，2011.
[14] 中华人民共和国国家质量监督检验检疫总局，等. 沥青针入度测定法. GB/T 4509—2010 [S]. 北京：中国标准出版社，2011.
[15] 中华人民共和国国家质量监督检验检疫总局，等. 沥青延度测定法. GB/T 4508—2010 [S]. 北京：中国标准出版社，2011.
[16] 中华人民共和国国家质量监督检验检疫总局，等. 建筑防水卷材试验方法. GBT 328—2007 [S]. 北京：中国标准出版社，2007.

北京大学出版社高职高专土建系列规划教材

序号	书名	书号	编著者	定价	出版时间	印次	配套情况	
			基础课程					
1	工程建设法律与制度	978-7-301-14158-8	唐茂华	26.00	2012.7	6	ppt/pdf	
2	建设法规及相关知识	978-7-301-22748-0	唐茂华等	34.00	2013.8	1	ppt/pdf	
3	建设工程法规	978-7-301-16731-1	高玉兰	30.00	2013.8	13	ppt/pdf/答案/素材	★
4	建筑工程法规实务	978-7-301-19321-1	杨陈慧等	43.00	2012.1	4	ppt/pdf	★
5	建筑法规	978-7-301-19371-6	董伟等	39.00	2013.1	4	ppt/pdf	★
6	建设工程法规	978-7-301-20912-7	王先恕	32.00	2012.7	1	ppt/pdf	
7	AutoCAD 建筑制图教程(第2版)(新规范)	978-7-301-21095-6	郭 慧	38.00	2013.8	2	ppt/pdf/素材	★
8	AutoCAD 建筑绘图教程(2010版)	978-7-301-19234-4	唐英敏等	41.00	2011.7	4	ppt/pdf	
9	建筑CAD项目教程(2010版)	978-7-301-20979-0	郭 慧	38.00	2012.9	1	pdf/素材	
10	建筑工程专业英语	978-7-301-15376-5	吴承霞	20.00	2013.8	8	ppt/pdf	★
11	建筑工程专业英语	978-7-301-20003-2	韩薇等	24.00	2012.1	1	ppt/pdf	★
12	建筑工程应用文写作	978-7-301-18962-7	赵立等	40.00	2012.6	3	ppt/pdf	
13	建筑构造与识图	978-7-301-14465-7	郑贵超等	45.00	2013.5	13	ppt/pdf/答案	★
14	建筑构造(新规范)	978-7-301-21267-7	肖 芳	34.00	2013.5	2	ppt/pdf	
15	房屋建筑构造	978-7-301-19883-4	李少红	26.00	2012.1	3	ppt/pdf	★
16	建筑工程制图与识图	978-7-301-15443-4	白丽红	25.00	2013.7	9	ppt/pdf/答案	★
17	建筑制图习题集	978-7-301-15404-5	白丽红	25.00	2013.7	8	pdf	
18	建筑制图(第2版)(新规范)	978-7-301-21146-5	高丽荣	32.00	2013.2	1	ppt/pdf	★
19	建筑制图习题集(第2版)(新规范)	978-7-301-21288-2	高丽荣	28.00	2013.1	1	pdf	
20	建筑工程制图(第2版)(附习题册)(新规范)	978-7-301-21120-5	肖明和	48.00	2012.8	5	ppt/pdf	
21	建筑制图与识图	978-7-301-18806-4	曹雪梅等	24.00	2012.2	5	ppt/pdf	★
22	建筑制图与识图习题册	978-7-301-18652-7	曹雪梅等	30.00	2012.4	4	pdf	★
23	建筑制图与识图(新规范)	978-7-301-20070-4	李元玲	28.00	2012.8	4	ppt/pdf	★
24	建筑制图与识图习题集(新规范)	978-7-301-20425-2	李元玲	24.00	2012.3	4	ppt/pdf	★
25	新编建筑工程制图(新规范)	978-7-301-21140-3	方筱松	30.00	2012.8	1	ppt/pdf	★
26	新编建筑工程制图习题集(新规范)	978-7-301-16834-9	方筱松	22.00	2012.9	1	pdf	
27	建筑识图(新规范)	978-7-301-21893-8	邓志勇等	35.00	2013.1	2	ppt/pdf	
28	建筑识图与房屋构造	978-7-301-22860-9	贠禄等	54.00	2013.8	1	ppt/pdf/答案	★
			建筑施工类					
1	建筑工程测量	978-7-301-16727-4	赵景利	30.00	2013.8	10	ppt/pdf/答案	★
2	建筑工程测量(第2版)(新规范)	978-7-301-22002-3	张敬伟	37.00	2013.5	2	ppt/pdf/答案	★
3	建筑工程测量	978-7-301-19992-3	潘益民	38.00	2012.2	2	ppt/pdf	★
4	建筑工程测量实验与实训指导(第2版)	978-7-301-23166-1	张敬伟	27.00	2013.9	1	pdf/答案	
5	建筑工程测量	978-7-301-13578-5	王金玲等	26.00	2011.8	3	pdf	
6	建筑工程测量实训	978-7-301-19329-7	杨凤华	27.00	2013.5	4	pdf	★
7	建筑工程测量(含实验指导手册)	978-7-301-19364-8	石 东等	43.00	2012.6	2	ppt/pdf/答案	★
8	建筑工程测量	978-7-301-22485-4	景 铎等	34.00	2013.6	1	ppt/pdf	
9	数字测图技术(新规范)	978-7-301-22656-8	赵 红	36.00	2013.6	1	ppt/pdf	★
10	数字测图技术实训指导(新规范)	978-7-301-22679-7	赵 红	27.00	2013.6	1	ppt/pdf	
11	建筑施工技术(新规范)	978-7-301-21209-7	陈雄辉	39.00	2013.2	2	ppt/pdf	★
12	建筑施工技术	978-7-301-12336-2	朱永祥等	38.00	2012.4	7	ppt/pdf	
13	建筑施工技术	978-7-301-16726-7	叶 雯等	44.00	2013.5	5	ppt/pdf/素材	
14	建筑施工技术	978-7-301-19499-7	董伟等	42.00	2011.9	2	ppt/pdf	
15	建筑施工技术	978-7-301-19997-8	苏小梅	38.00	2013.5	3	ppt/pdf	
16	建筑工程施工技术(第2版)(新规范)	978-7-301-21093-2	钟汉华等	48.00	2013.8	2	ppt/pdf	★
17	基础工程施工(新规范)	978-7-301-20917-2	董伟等	35.00	2012.7	2	ppt/pdf	★

序号	书名	书号	编著者	定价	出版时间	印次	配套情况	
18	建筑施工技术实训	978-7-301-14477-0	周晓龙	21.00	2013.1	6	pdf	★
19	建筑力学(第2版)(新规范)	978-7-301-21695-8	石立安	46.00	2013.3	2	ppt/pdf	★
20	土木工程实用力学	978-7-301-15598-1	马景善	30.00	2013.1	4	pdf/ppt	★
21	土木工程力学	978-7-301-16864-6	吴明军	38.00	2011.11	2	ppt/pdf	★
22	PKPM软件的应用(第2版)	978-7-301-22625-4	王娜等	34.00	2013.6	1	pdf	★
23	建筑结构(第2版)(上册)(新规范)	978-7-301-21106-9	徐锡权	41.00	2013.4	1	ppt/pdf/答案	★
24	建筑结构(第2版)(下册)(新规范)	978-7-301-22584-4	徐锡权	42.00	2013.6	1	ppt/pdf/答案	★
25	建筑结构	978-7-301-19171-2	唐春平等	41.00	2012.6	3	ppt/pdf	
26	建筑结构基础(新规范)	978-7-301-21125-0	王中发	36.00	2012.8	2	ppt/pdf	★
27	建筑结构原理及应用	978-7-301-18732-6	史美东	45.00	2012.8	1	ppt/pdf	★
28	建筑力学与结构(第2版)(新规范)	978-7-301-22148-8	吴承霞等	49.00	2013.4	1	ppt/pdf/答案	★
29	建筑力学与结构(少学时版)	978-7-301-21730-6	吴承霞	34.00	2013.2	1	ppt/pdf/答案	★
30	建筑力学与结构	978-7-301-20988-2	陈水广	32.00	2012.8	1	pdf/ppt	
31	建筑结构与施工图(新规范)	978-7-301-22188-4	朱希文等	35.00	2013.3	1	ppt/pdf	★
32	生态建筑材料	978-7-301-19588-2	陈剑峰等	38.00	2013.7	2	ppt/pdf	
33	建筑材料	978-7-301-13576-1	林祖宏	35.00	2012.6	9	ppt/pdf	★
34	建筑材料与检测	978-7-301-16728-1	梅杨等	26.00	2012.11	8	ppt/pdf/答案	★
35	建筑材料检测试验指导	978-7-301-16729-8	王美芬等	18.00	2013.7	5	pdf	
36	建筑材料与检测	978-7-301-19261-0	王辉	35.00	2012.6	3	ppt/pdf	★
37	建筑材料与检测试验指导	978-7-301-20045-2	王辉	20.00	2013.1	3	ppt/pdf	
38	建筑材料选择与应用	978-7-301-21948-5	申淑荣等	39.00	2013.3	1	ppt/pdf	★
39	建筑材料检测实训	978-7-301-22317-8	申淑荣等	24.00	2013.4	1	pdf	
40	建设工程监理概论(第2版)(新规范)	978-7-301-20854-0	徐锡权等	43.00	2013.7	3	ppt/pdf/答案	
41	建设工程监理	978-7-301-15017-7	斯庆	26.00	2013.1	6	ppt/pdf/答案	★
42	建设工程监理概论	978-7-301-15518-9	曾庆军等	24.00	2012.12	5	ppt/pdf	
43	工程建设监理案例分析教程	978-7-301-18984-9	刘志麟等	38.00	2013.2	2	ppt/pdf	★
44	地基与基础	978-7-301-14471-8	肖明和	39.00	2012.4	7	ppt/pdf/答案	★
45	地基与基础	978-7-301-16130-2	孙平平等	26.00	2013.2	3	ppt/pdf	
46	建筑工程质量事故分析(第2版)	978-7-301-22467-0	郑文新	32.00	2013.9	1	ppt/pdf	★
47	建筑工程施工组织设计	978-7-301-18512-4	李源清	26.00	2013.5	5	ppt/pdf	
48	建筑工程施工组织实训	978-7-301-18961-0	李源清	40.00	2012.11	3	ppt/pdf	★
49	建筑施工组织与进度控制(新规范)	978-7-301-21223-3	张廷瑞	36.00	2012.9	2	ppt/pdf	★
50	建筑施工组织项目式教程	978-7-301-19901-5	杨红玉	44.00	2012.1	1	ppt/pdf/答案	
51	钢筋混凝土工程施工与组织	978-7-301-19587-1	高雁	32.00	2012.5	1	ppt/pdf	
52	钢筋混凝土工程施工与组织实训指导(学生工作页)	978-7-301-21208-0	高雁	20.00	2012.9	1	ppt	
	工程管理类							
1	建筑工程经济(第2版)	978-7-301-22736-7	张宁宁等	30.00	2013.7	1	ppt/pdf/答案	★
2	建筑工程经济	978-7-301-20855-7	赵小娥等	32.00	2013.7	2	ppt/pdf	
3	施工企业会计	978-7-301-15614-8	辛艳红等	26.00	2013.1	5	ppt/pdf/答案	★
4	建筑工程项目管理	978-7-301-12335-5	范红岩等	30.00	2012.4	9	ppt/pdf	
5	建设工程项目管理	978-7-301-16730-4	王辉	32.00	2013.5	5	ppt/pdf/答案	★
6	建设工程项目管理	978-7-301-19335-8	冯松山等	38.00	2012.8	2	pdf/ppt	
7	建设工程招投标与合同管理(第2版)(新规范)	978-7-301-21002-4	宋春岩	38.00	2013.8	5	ppt/pdf/答案/试题/教案	★
8	建筑工程招投标与合同管理(新规范)	978-7-301-16802-8	程超胜	30.00	2012.9	2	pdf/ppt	★
9	建筑工程商务标编制实训	978-7-301-20804-5	钟振宇	35.00	2012.7	1	ppt	★
10	工程招投标与合同管理实务	978-7-301-19035-7	杨甲奇等	48.00	2011.8	2	pdf	★
11	工程招投标与合同管理实务	978-7-301-19290-0	郑文新等	43.00	2012.4	2	ppt/pdf	★
12	建设工程招投标与合同管理实务	978-7-301-20404-7	杨云会等	42.00	2012.4	1	ppt/pdf/答案/习题库	

序号	书名	书号	编著者	定价	出版时间	印次	配套情况	
13	工程招投标与合同管理(新规范)	978-7-301-17455-5	文新平	37.00	2012.9	1	ppt/pdf	★
14	工程项目招投标与合同管理	978-7-301-15549-3	李洪军等	30.00	2012.11	6	ppt	★
15	工程项目招投标与合同管理(第2版)	978-7-301-22462-5	周艳冬	35.00	2013.7	1	ppt/pdf	★
16	建筑工程安全管理	978-7-301-19455-3	宋 健等	36.00	2013.5	3	ppt/pdf	
17	建筑工程质量与安全管理	978-7-301-16070-1	周连起	35.00	2013.2	5	ppt/pdf/答案	
18	施工项目质量与安全管理	978-7-301-21275-2	钟汉华	45.00	2012.10	1	ppt/pdf	
19	工程造价控制	978-7-301-14466-4	斯 庆	26.00	2013.8	9	ppt/pdf	★
20	工程造价管理	978-7-301-20655-3	徐锡权等	33.00	2013.8	2	ppt/pdf	
21	工程造价控制与管理	978-7-301-19366-2	胡新萍等	30.00	2013.1	2	ppt/pdf	★
22	建筑工程造价管理	978-7-301-20360-6	柴 琦等	27.00	2013.1	2	ppt/pdf	
23	建筑工程造价管理	978-7-301-15517-2	李茂英等	24.00	2012.1	4	pdf	
24	建筑工程造价	978-7-301-21892-1	孙咏梅	40.00	2013.2	1	ppt/pdf	★
25	建筑工程计量与计价(第2版)	978-7-301-22078-8	肖明和等	58.00	2013.8	2	pdf/ppt	★
26	建筑工程计量与计价实训(第2版)	978-7-301-22606-3	肖明和等	29.00	2013.7	1	pdf	
27	建筑工程估价	978-7-301-22802-9	张 英	43.00	2013.8	1	ppt/pdf	★
28	建筑工程计量与计价——透过案例学造价	978-7-301-16071-8	张 强	50.00	2013.9	7	ppt/pdf	
29	安装工程计量与计价(第2版)	978-7-301-22140-2	冯钢等	50.00	2013.7	2	pdf/ppt	
30	安装工程计量与计价实训	978-7-301-19336-5	景巧玲等	36.00	2013.5	3	pdf/素材	
31	建筑水电安装工程计量与计价(新规范)	978-7-301-21198-4	陈连姝	36.00	2013.6	1	ppt/pdf	★
32	建筑与装饰装修工程工程量清单	978-7-301-17331-2	翟丽旻等	25.00	2012.8	3	pdf/ppt/答案	
33	建筑工程清单编制	978-7-301-19387-7	叶晓容	24.00	2011.8	1	ppt/pdf	★
34	建设项目评估	978-7-301-20068-1	高志云等	32.00	2013.6	2	ppt/pdf	★
35	钢筋工程清单编制	978-7-301-20114-5	贾莲英	36.00	2012.2	1	ppt / pdf	
36	混凝土工程清单编制	978-7-301-20384-2	顾 娟	28.00	2012.5	1	ppt / pdf	
37	建筑装饰工程预算	978-7-301-20567-9	范菊雨	38.00	2013.6	2	pdf/ppt	★
38	建设工程安全监理(新规范)	978-7-301-20802-1	沈万岳	28.00	2012.7	1	pdf/ppt	★
39	建筑工程安全技术与管理实务(新规范)	978-7-301-21187-8	沈万岳	48.00	2012.9	2	pdf/ppt	★
40	建筑工程资料管理	978-7-301-17456-2	孙 刚等	36.00	2013.8	3	pdf/ppt	
41	建筑施工组织与管理(第2版)(新规范)	978-7-301-22149-5	翟丽旻等	43.00	2013.4	1	ppt/pdf/答案	★
42	建设工程合同管理	978-7-301-22612-4	刘庭江	46.00	2013.6	1	ppt/pdf/答案	★
43	工程造价案例分析	978-7-301-22985-9	甄 凤	30.00	2013.8	1	pdf/ppt	★
	建 筑 设 计 类							
1	中外建筑史	978-7-301-15606-3	袁新华	30.00	2013.8	9	ppt/pdf	★
2	建筑室内空间历程	978-7-301-19338-9	张伟孝	53.00	2011.8	1	pdf	★
3	建筑装饰CAD项目教程(新规范)	978-7-301-20950-9	郭 慧	35.00	2013.1	1	ppt/素材	
4	室内设计基础	978-7-301-15613-1	李书青	32.00	2013.5	3	ppt/pdf	
5	建筑装饰构造	978-7-301-15687-2	赵志文等	27.00	2012.11	5	ppt/pdf/答案	★
6	建筑装饰材料(第2版)	978-7-301-22356-7	焦 涛等	34.00	2013.5	4	ppt/pdf	
7	建筑装饰施工技术	978-7-301-15439-7	王 军等	30.00	2013.7	6	ppt/pdf	★
8	装饰材料与施工	978-7-301-15677-3	宋志春等	30.00	2010.8	2	ppt/pdf/答案	★
9	设计构成	978-7-301-15504-2	戴碧锋	30.00	2012.10	2	ppt/pdf	
10	基础色彩	978-7-301-16072-5	张 军	42.00	2011.9	2	pdf	★
11	设计色彩	978-7-301-21211-0	龙黎黎	46.00	2012.9	1	ppt	★
12	设计素描	978-7-301-22391-8	司马金桃	29.00	2013.4	1	ppt	★
13	建筑素描表现与创意	978-7-301-15541-7	于修国	25.00	2012.11	3	Pdf	★
14	3ds Max 效果图制作	978-7-301-22870-8	刘 晗等	45.00	2013.7	1	ppt	★
15	3ds Max 室内设计表现方法	978-7-301-17762-4	徐海军	32.00	2010.9	1	pdf	
16	3ds Max2011室内设计案例教程(第2版)	978-7-301-15693-3	伍福军等	39.00	2011.9	1	ppt/pdf	
17	Photoshop 效果图后期制作	978-7-301-16073-2	脱忠伟等	52.00	2011.1	1	素材/pdf	★
18	建筑表现技法	978-7-301-19216-0	张 峰	32.00	2013.1	1	ppt/pdf	
19	建筑速写	978-7-301-20441-2	张 峰	30.00	2012.4	1	pdf	★
20	建筑装饰设计	978-7-301-20022-3	杨丽君	36.00	2012.2	1	ppt/素材	
21	装饰施工读图与识图	978-7-301-19991-6	杨丽君	33.00	2012.5	1	ppt	
22	建筑装饰工程计量与计价	978-7-301-20055-1	李茂英	42.00	2013.7	2	ppt/pdf	

序号	书名	书号	编著者	定价	出版时间	印次	配套情况	
		规划园林类						
1	居住区景观设计	978-7-301-20587-7	张群成	47.00	2012.5	1	ppt	★
2	居住区规划设计	978-7-301-21031-4	张 燕	48.00	2012.8	2	ppt	★
3	园林植物识别与应用(新规范)	978-7-301-17485-2	潘利等	34.00	2012.9	1	ppt	★
4	城市规划原理与设计	978-7-301-21505-0	谭婧婧等	35.00	2013.1	1	ppt/pdf	★
5	园林工程施工组织管理(新规范)	978-7-301-22364-2	潘利等	35.00	2013.4	1	ppt/pdf	★
		房地产类						
1	房地产开发与经营(第2版)	978-7-301-23084-8	张建中等	33.00	2013.8	1	ppt/pdf/答案	★
2	房地产估价(第2版)	978-7-301-22945-3	张 勇等	35.00	2013.8	1	ppt/pdf/答案	★
3	房地产估价理论与实务	978-7-301-19327-3	褚菁晶	35.00	2011.8	1	ppt/pdf/答案	★
4	物业管理理论与实务	978-7-301-19354-9	裴艳慧	52.00	2011.9	1	ppt/pdf	★
5	房地产测绘	978-7-301-22747-3	唐春平	29.00	2013.7	1	ppt/pdf	★
6	房地产营销与策划(新规范)	978-7-301-18731-9	应佐萍	42.00	2012.8	1	ppt/pdf	★
		市政路桥类						
1	市政工程计量与计价(第2版)	978-7-301-20564-8	郭良娟等	42.00	2013.8	3	pdf/ppt	
2	市政工程计价	978-7-301-22117-4	彭以舟等	39.00	2013.2	1	ppt/pdf	★
3	市政桥梁工程	978-7-301-16688-8	刘 江等	42.00	2012.10	2	ppt/pdf/素材	
4	市政工程材料	978-7-301-22452-6	郑晓国	37.00	2013.5	1	ppt/pdf	★
5	路基路面工程	978-7-301-19299-3	偶昌宝等	34.00	2011.8	1	ppt/pdf/素材	
6	道路工程技术	978-7-301-19363-1	刘 雨等	33.00	2011.12	1	ppt/pdf	
7	城市道路设计与施工(新规范)	978-7-301-21947-8	吴颖峰	39.00	2013.1	1	ppt/pdf	★
8	建筑给水排水工程	978-7-301-20047-6	叶巧云	38.00	2012.2	1	ppt/pdf	
9	市政工程测量(含技能训练手册)	978-7-301-20474-0	刘宗波等	41.00	2012.5	1	ppt/pdf	
10	公路工程任务承揽与合同管理	978-7-301-21133-5	邱 兰等	30.00	2012.9	1	ppt/pdf/答案	
11	道桥工程材料	978-7-301-21170-0	刘水林等	43.00	2012.9	1	ppt/pdf	
12	工程地质与土力学(新规范)	978-7-301-20723-9	杨仲元	40.00	2012.6	1	ppt/pdf	★
13	数字测图技术应用教程	978-7-301-20334-7	刘宗波	36.00	2012.8	1	ppt	
14	水泵与水泵站技术	978-7-301-22510-3	刘振华	40.00	2013.5	1	ppt/pdf	★
15	道路工程测量(含技能训练手册)	978-7-301-21967-6	田树涛等	45.00	2013.2	1	ppt/pdf	
		建筑设备类						
1	建筑设备基础知识与识图	978-7-301-16716-8	靳慧征	34.00	2013.8	11	ppt/pdf	★
2	建筑设备识图与施工工艺	978-7-301-19377-8	周业梅	38.00	2011.8	3	ppt/pdf	★
3	建筑施工机械	978-7-301-19365-5	吴志强	30.00	2013.7	3	pdf/ppt	★
4	智能建筑环境设备自动化(新规范)	978-7-301-21090-1	余志强	40.00	2012.8	1	pdf/ppt	★

相关教学资源如电子课件、电子教材、习题答案等可以登录www.pup6.com下载或在线阅读。

扑六知识网(www.pup6.com)有海量的相关教学资源和电子教材供阅读及下载(包括北京大学出版社第六事业部的相关资源)，同时欢迎您将教学课件、视频、教案、素材、习题、试卷、辅导材料、课改成果、设计作品、论文等教学资源上传到pup6.com，与全国高校师生分享您的教学成就与经验，并可自由设定价格，知识也能创造财富。具体情况请登录网站查询。

如您需要免费纸质样书用于教学，欢迎登录第六事业部门户网(www.pup6.cn)填表申请，并欢迎在线登记选题以到北京大学出版社来出版您的大作，也可下载相关表格填写后发到我们的邮箱，我们将及时与您取得联系并做好全方位的服务。

扑六知识网将打造成全国最大的教育资源共享平台，欢迎您的加入——让知识有价值，让教学无界限，让学习更轻松。

联系方式：010-62750667，yangxinglu@126.com，linzhangbo@126.com，欢迎来电来信咨询。